建筑

JIANZHU

建筑初步

JIANZHU CHUBU

主编 苑 娜 李自力 刘兆文

国家示范性高等职业教育土建类「十三五」规划教材

华中科技大学出版社
http://press.hust.edu.cn
中国·武汉

内 容 简 介

本书采用项目教学法,针对"建筑初步"课程担负的两个主要培养目标:建筑设计认知能力培养和建筑设计表达能力培养,设置了两个教学模块——建筑名作分析和小型建筑设计。第一个教学模块包含 5 个学习情境:建筑概述、建筑平面设计认知、建筑立面设计认知、建筑剖面设计认知、空间组织与秩序,以萨伏伊别墅设计分析为项目进行讲解和训练。第二个教学模块也包含 5 个学习情境:建筑设计内容、原则及程序,建筑设计之任务分析,建筑设计之设计构思与方案优选,建筑设计之调整发展与深入细化和建筑设计之成果表现。以艺术家自用别墅设计为项目进行讲解和训练。通过两个项目的训练,实现从分析别人的设计到自己完成设计的能力培养。

本书采用图文结合的方式,尽量以图代文,深入浅出,可供高职高专建筑设计技术、建筑装饰工程技术、古建筑工程技术、环境艺术设计等专业师生教学使用,也可供建筑设计初学者学习参考。

为了方便教学,本书还配有电子课件等教学资源包,任课教师还可以发邮件至 husttujian@163.com 索取。

图书在版编目(CIP)数据

建筑初步/苑娜,李自力,刘兆文主编.—武汉:华中科技大学出版社,2019.8(2025.7 重印)
国家示范性高等职业教育土建类"十三五"规划教材
ISBN 978-7-5680-5552-9

Ⅰ.①建…　Ⅱ.①苑…②李…③刘…　Ⅲ.①建筑学-高等职业教育-教材　Ⅳ.①TU

中国版本图书馆 CIP 数据核字(2019)第 184070 号

建筑初步
Jianzhu Chubu

苑娜　李自力　刘兆文　主编

策划编辑:康　序
责任编辑:康　序
责任监印:朱　玢
出版发行:华中科技大学出版社(中国·武汉)　　电话:(027)81321913
　　　　　武汉市东湖新技术开发区华工科技园　　邮编:430223
录　　排:武汉三月禾文化传播有限公司
印　　刷:武汉市洪林印务有限公司
开　　本:880mm×1230mm　1/16
印　　张:6.5
字　　数:196 千字
版　　次:2025 年 7 月第 1 版第 4 次印刷
定　　价:58.00 元

前言

"建筑初步"是包括建筑设计技术、建筑装饰工程技术、古建筑工程技术、环境艺术设计等专业重要的专业基础课程。在近十年的授课经验中,编者深刻感受到这门课程对于建筑设计初学者的重要性,也深知该门课程讲授的难度。在第一节课中编者总喜欢问学生一个问题:什么是建筑?大部分同学的回答无非都是高楼大厦之类我们身边的具象实物,很少有同学会想到建筑的空间概念、美学需求以及内涵意义等这些较为抽象的层面。而这,也正是这门课程难教之所在,高职高专层次的学生普遍存在美学素养的欠缺,习惯了有标准答案的教学模式,对于抽象的空间概念、辩证欣赏的美学要素等初次接受起来会有较大的难度。在本科层次的建筑学的教学中教师都有一个共识,即大三是转折点,大一、大二都是在打基础、入门,到了大三才会真正弄懂什么是设计。对于只有三年学制的高职高专层次的学生,如何通过一年的"建筑初步"教学就能使他们明白什么是建筑设计,相信是所有讲授该门课程的教师都要面临的难题。

针对高职高专层次学生的教学目标和特点,编者在教学中不断尝试教学改革,坚持理论够用、注重实践的教学方向,使教学更贴近工作实际,满足岗位需求,将知识目标和能力目标整合为两个大目标,即建筑设计认知能力培养和建筑设计表达能力培养。改变以教为主的教学模式,采取项目教学法,以学生自主实践为主。针对两个目标,分别设置两个项目,即建筑名作分析和小型建筑设计。本书就是基于这样的教学改革编制而成的。全书共分为两个教学模块,分别对应两个教学目标和两个教学项目。

第一个教学模块是建筑设计认知——建筑名作分析。包含5个学习情境:建筑概述、建筑平面设计认知、建筑立面设计认知、建筑剖面设计认知和空间组织与秩序,以萨伏伊别墅设计分析为项目进行讲解和训练。实现对学生识图能力、空间能力、图解思考能力和审美能力等四个建筑设计认知的主要能力培养,是对学生的设计基本素质的训练。

第二个教学模块是建筑设计表达——小型建筑设计。包含5个学习情境:建筑设计内容、原则及程序,建筑设计之任务分析,建筑设计之设计构思与方案优选,建筑设计之调整发展与深入细化和建筑设计之成果表现。以艺术家自用别墅设计为项目进行讲解和训练。实现对学生从设计任务、设计理念、设计方法到设计表达整个设计过程的训练。通过该模块的训练,并不要求大幅提高学生的设计能力,而是使学生掌握正确的设计思路和方法。设计能力的提高不是一蹴即就的,通过这样的完整过程的训练,学生可以在今后的学习中反复运用,达到不断提升自己的设计能力的目的。

两个模块的设置是循序渐进的,实现从分析别人的设计到自己完成设计的能力培养。本书在讲解理论知识的同时配有大量的彩图和分析图,并在每一个学习情境后都设置有训练任务,十个训练任务先后衔接,构成两个大项目,最后学生的学习成果以两个完整的项目呈现,从而使学生有明确的学习目的和成就感。

本书中引用的学生作品主要来自于河北工业大学建筑学专业优秀设计作品和天津国土资源和房屋职业学院的优秀学生作品,在此对作品的作者表示感谢!

本书由天津国土资源和房屋职业学院苑娜、重庆能源职业学院李自力、浙江同济科技职业学院刘兆文担任主编,湖南高速铁路职业技术学院李威兰、重庆工程职业技术学院张筱军、重庆能源职业学院韩晓也参与了本书的编写。

为了方便教学,本书还配有电子课件等教学资源包,任课教师还可以发邮件至 husttujian@163.com 索取。

因水平所限,本书的编写还存在不少不足之处,恳请广大专家、读者予以批评指正。

编 者

2024 年 5 月

CONTENTS 目录

模块 1

建筑设计认知
——建筑名作分析

学习情境1

建筑概述
JIANZHU GAISHU

任务 1　什么是建筑

1. 建筑的基本定义

《现代汉语词典》中对"建筑"的释义为：① 修建（房屋、道路、桥梁等）；② 建筑物。

《中国土木建筑百科辞典·建筑》中对"建筑"的释义为：建筑艺术与工程技术相结合，营造出的供人生产、生活以及其他活动的环境、空间、房屋或者场所。

目前，我们很多教材中普遍引用的还是《中国土木建筑百科辞典·建筑》中的定义。然而，重要的不是记住"建筑"的定义是什么，而是全面理解"建筑"的内涵。通过参考多种定义，我们可以将"建筑"的内涵阐释为以下五个层面。

（1）建筑与人有密切的关系。

建筑为人们提供活动的场所，不同年龄层次、不同地域的人，对建筑类型和风格的需求各不相同。例如：幼儿园与老年公寓。

（2）建筑是一项工程。

一般来说，建筑最终要实际建造起来，而并非仅停留在图纸上。它需要通过多种工程门类的协作来完成，如结构、水暖电、室内装饰等。

（3）建筑是一门科学。

建筑所涉及的居住行为、设计行为、材料和技术等，一直受相关科学发展的影响而持续演进。例如：节能、绿色建筑等。

（4）建筑是一种行业。

建筑在社会的分工中，要有一批特定的人群来从事这项工作。

（5）建筑有不同的风格。

建筑具有美感和艺术性，这是建筑中最重要的部分。建筑与土木工程相比，除了在技术层面上有些相通之外，二者最大的差异就是建筑的艺术性和历史感。于是就有"建筑是凝固的音乐""建筑是石头的史书"等很形象的说法。

2. 建筑的本质

建筑的本质可以从狭义和广义两个方面来看。

1）狭义的建筑本质

狭义的来看，建筑所考虑的课题是以"房屋"或"建筑物"为中心，希腊哲学家亚里士多德称建筑为人类"抵抗风雨的遮蔽物"。因此，从狭义的角度来看，建筑的本质是提供适合人们居住与活动的屋舍。

2）广义的建筑本质

狭义的建筑本质是以人与建筑物为范围，而广义的建筑本质则包含人类居住环境的课题。大到城市设计与城市规划，以及城市中广场与公园的设计与景观的规划，小至整个社区与集合住宅的设计，以及某一栋建筑物的考虑，再小至某一特定空间的室内环境设计，甚至空间中的家具设计等，这些都与我们的居住环境息息相关，也是广义的建筑设计者关注的一个重点。换言之，广义的建筑本质就是指我们的居住环境，它是一个整体，一个环环相扣而且必须由小到大紧密配合的层次关系。

3. 建筑的内在意义

建筑具备多重的属性,它不仅与人的行为、工程、科学、社会行业有关,而且还与美感、艺术有关。从建筑的艺术性来看待它和其他艺术学科的关系时,自然会使我们联想到建筑背后的精神,探究建筑所要表达或反映的是什么。建筑在这方面的考虑,也即建筑所需要表达的内在意义,基本上可从它对时代精神的反映、风土人文的观照,以及对社会现象的回应来逐一进行讨论。

1)反映时代精神

建筑就像一部历史教科书,任何一个时期的建筑都会反映出当时的时代精神。

2)反映风土人文

建筑还要对当地的自然条件和风土人文做出适当的回应。这方面的因素主要是顺应气候、地形和当地居民的生活方式,从而产生自然而然的回应,也就是我们常说的"因地制宜"。

3)反映社会现象

建筑是一门以人为中心的学科,而人生活在社会之中,与社会组织和现象经常发生互动。所以,建筑除了表现时代精神和风土人文以外,同时也会反映社会现象。

建筑也经常与当代社会现象互动。20世纪70年代美国圣路易斯市是一个种族问题严重的高犯罪率城市。在著名建筑师山崎实设计的获奖作品普鲁艾格住宅建筑中(见图1-1),犯罪现象屡屡发生。因为原设计中有许多黑暗无人的巷道、死角与电梯间等,使其成了犯罪的温床。因此,政府只能于1971年无奈地将房子炸毁。因为这样的建筑没有照顾到当时和当地的社会条件,故而不利于社区的发展。

※ 图 1-1 被炸毁的普鲁艾格住宅建筑

4. 建筑的基本构成要素

建筑的基本构成要素包括实用、坚固、美观等。

1)实用——建筑的功能

建筑的实用性即指建筑的功能,包含建筑应符合人体活动尺度的要求,应满足朝向、采光、通风、保温等人的生理要求,还应满足使用过程和特点的要求,如火车站人流路线、影剧院视听要求等。

2)坚固——物质技术条件

建筑的坚固性是指实现建筑的物质技术条件,包括建筑结构、建筑材料、建筑施工等诸多方面。

3)美观——建筑形象

我们在进行建筑设计的时候,不仅要赋予它实用的属性,还要考虑到它的美感。在创造建筑的形象的时候,也有一定的规律和法则,称之为形式美的原则,如比例、尺度、均衡、韵律、对比等。

总之,功能要求是建筑的主要目的,材料结构等物质技术条件是达到目的的手段,而建筑的形象则是建筑功能、技术和艺术内容的综合表现。也就是说三者的关系是目的、手段和表现形式的关系。其中,功能居于主导地位,它对建筑的结构和形象起决定的作用。结构等物质技术条件是实现建筑的手段,因而建筑的功能和形象要受其制约。

任务 2 建筑的分类与分级

1. 按建筑的使用性质来分类

建筑物按照其使用性质,通常可分为农业建筑、工业建筑和民用建筑等。

农业建筑:用于农业、畜牧业生产和加工用的建筑,如温室、畜禽饲养场、粮食与饲料加工站、农机修理站等。

工业建筑:为生产服务的各类建筑,也可以称为厂房类建筑,如生产车间、辅助车间、动力用房、仓储建筑等。厂房类建筑又可以分为单层厂房和多层厂房两大类。

民用建筑:是供人们居住和进行公共活动的建筑的总称。民用建筑根据其使用功能分为居住建筑和公共建筑。根据其建筑高度和层数可分为单、多层民用建筑和高层民用建筑。高层民用建筑根据其建筑高度、使用功能和楼层的建筑面积可分为一类和二类。依据《建筑设计防火规范》(GB 50016—2014),民用建筑的分类应符合表 1-1 的规定。

表 1-1 民用建筑的分类

名称	高层民用建筑		单、多层民用建筑
	一类	二类	
住宅建筑	建筑高度大于 54 m 的住宅建筑(包括设置商业服务网点的住宅建筑)	建筑高度大于 27 m,但不大于 54 m 的住宅建筑(包括设置商业服务网点的住宅建筑)	建筑高度不大于 27 m 的住宅建筑(包括设置商业服务网点的住宅建筑)
公共建筑	(1) 建筑高度大于 50 m 的公共建筑; (2) 建筑高度 24 m 以上部分任一楼层建筑面积大于 1000 m² 的商店、展览、电信、邮政、财贸金融建筑和其他多种功能组合的建筑; (3) 医疗建筑、重要公共建筑; (4) 省级及以上的广播电视和防灾指挥调度建筑、网局级和省级电力调度建筑; (5) 藏书超过 100 万册的图书馆、书库	除一类高层公共建筑外的其他高层公共建筑	(1) 建筑高度大于 24 m 的单层公共建筑; (2) 建筑高度不大于 24 m 的其他公共建筑

2. 按建筑的高度和层数来分类

《民用建筑设计通则》(GB 50352—2005)中对建筑的高度和层数有如下规定。

住宅建筑按层数划分为:① 1～3 层为低层;② 4～6 层为多层;③ 7～9 层为中高层;④ 10 层以上为高层;⑤ 公共建筑及综合性建筑总高度超过

24 m者为高层(不包括高度超过24 m的单层主体建筑);⑥ 建筑物高度超过100 m时,不论住宅或公共建筑均为超高层。

3. 按建筑的耐久年限来分类

以主体结构确定的建筑耐久年限分为以下四级。

(1)一级建筑:耐久年限为100以上适用于重要的建筑和高层建筑。

(2)二级建筑:耐久年限为50～100年,适用于一般性建筑。

(3)三级建筑:耐久年限为25～50年,适用于次要的建筑。

(4)四级建筑:耐久年限为15年,以下适用于临时性建筑。

任务3 建筑的模数

建筑模数:建筑物及其构配件(或组合件)选定的标准尺寸单位,并作为尺寸协调中的增值单位,称为建筑模数单位。建筑模数分为基本模数、扩大模数和分模数。

基本模数:即在建筑模数协调中选用的基本尺寸单位,其数值为100 mm,符号为M,即1 M＝100 mm,目前世界上大部分国家均以此为基本模数。基本模数主要应用在门窗洞口、构配件断面尺寸及建筑物的层高等。

扩大模数:即基本模数的整数倍,有3 M、6 M、12 M、15 M、30 M、60 M等。扩大模数主要应用在开间、进深、柱距、跨度等。

分模数:即基本模数除以整数倍,有M/10、M/5、M/2等。分模数主要应用在缝隙、构造节点、构配件断面尺寸等。

任务4 实训1——萨伏伊别墅设计分析

教学目的 了解萨伏伊别墅的设计背景,熟悉萨伏伊别墅的设计师及代表作,掌握萨伏伊别墅的设计特点及设计过程,能够简单分析萨伏伊别墅的设计美学。

教学任务 萨伏伊别墅设计交流。

成果要求 资料搜集,课堂交流,小组讨论。

1. 柯布西耶生平及代表作品

萨伏伊别墅是著名现代建筑师柯布西耶的代表作。

柯布西耶出生于瑞士西北靠近法国边界的小镇，父母从事钟表制造，少年时曾在故乡的钟表技术学校学习，对美术感兴趣。1907年先后到布达佩斯和巴黎学习建筑，在巴黎时在以运用钢筋混凝土而闻名的建筑师奥古斯特·贝瑞处学习，后来又到德国彼得·贝伦斯事务所工作。彼得·贝伦斯事务所以尝试采用新的建筑处理手法设计新颖的工业建筑而闻名，在那里他遇到了同时在那里工作的格罗皮乌斯和密斯·凡·德·罗，他们相互影响，一起开创了现代建筑的思潮。1917年柯布西耶定居巴黎，同时从事绘画和雕刻，与新派立体主义的画家和诗人合编杂志《新精神》，按自己外祖父的姓取笔名为勒·柯布西耶。他在《新精神》杂志第一期中写道："一个新的时代开始了，它植根于一种新的精神，有明确目标的一种建设性和综合性的新精神。"后来他把其中发表的一些关于建筑的文章整理出来，汇集出版了《走向新建筑》一书，这是他的一本宣言式小册子，中心思想很明确，就是激烈否定十九世纪以来因循守旧的建筑观点、复古主义和折中主义建筑风格，主张创造新时代的新建筑。在这本书中他给住宅下了一个新的定义，他说："住宅是居住的机器""如果从我们头脑中清除所有关于房屋的固有概念，而用批判的、客观的观点观察问题，我们就会得到：房屋机器——大规模生产房屋的概念。"柯布西耶将新建筑的特征总结为五个方面，即底层架空、屋顶花园、自由平面、横向的长窗和自由立面等。

柯布西耶的代表作品有萨伏伊别墅、马赛公寓和朗香教堂等，如图1-2所示。

(a) 马赛公寓

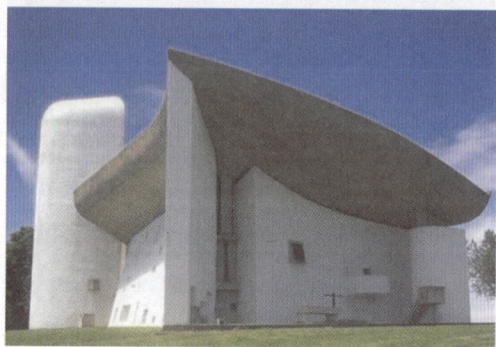

(b) 朗香教堂

✳ 图1-2 柯布西耶代表作品

2. 萨伏伊别墅设计背景

萨伏伊别墅是现代主义建筑的经典作品之一，位于巴黎近郊，1928年设计，1930年建成，使用钢筋混凝土结构。这幢白房子表面看来平淡无奇，简单的柏拉图形体和平整的白色粉刷的外墙，简单到几乎没有任何多余装饰的程度，"唯一的可以称为装饰部件的是横向长窗，这是为了能最大限度地让光线射入。"

其地基位于巴黎近郊普瓦西的一片的开阔地带，中心略微隆起。面积为4.8万平方米，其形状为矩形，长约22.5米，宽为20米，共三层。底层（柱托的架空层）三面透空，由支柱架起，内有门厅、车库和仆人用房，是由弧形玻璃窗所包围的开敞结构。二层有起居室、卧室、厨房、餐室、屋顶花园和一个半开敞的休息空间。三层为主卧室和屋顶花园,各层之间以螺旋形的楼梯和折形的坡道相连,建筑的室内外都没有装饰线脚,用了一些曲线形墙体以增加变化。

3. 萨伏伊别墅的设计美学

萨伏伊别墅正是勒·柯布西耶提出的"五要素"的具体体现,深刻体现了现代主义建筑所提倡的新建筑美学原则。其表现手法和建造手段相统一,建筑形体和内部功能互相配合,建筑形象合乎逻辑性,构图上灵活均衡而非对称,处理手法简洁,外形纯净,在建筑艺术中吸取视觉艺术的新成果等,这些建筑设计理念启发和影响着无数建筑师。即便是到了今天,现代主义的建筑仍受到行业内诸多人士的青睐。因为它代表了进步、自然和纯粹,体现了建筑的最本质的特点。它的外部装饰采用白色粉刷墙面,建筑表面平整,形体也比较简单;然而从不同的方向看过去,都可以得到完全不同的印象,这使建筑外观显得非常多变。同时,长条形的排窗为画龙点睛之笔。

4. 萨伏伊别墅的设计特点

萨伏伊别墅的设计特点具体如下。

（1）模数化设计——这是柯布西耶研究数学、建筑和人体比例的成果。现在这种设计方法已广泛使用。

（2）简单的装饰风格——相对于之前人们常常使用的烦琐复杂的装饰方式而言的,其装饰可以说是非常的简单。

（3）纯粹的用色——建筑的外部装饰颜色完全采用白色,这是一个代表新鲜的、纯粹的、简单和健康的颜色（勒·柯布西耶曾在自己的一本书中这样评价白色）。

（4）开放式的室内空间设计。

（5）专门对家具进行设计和制作。

（6）动态的、非传统的空间组织形式——尤其是使用螺旋形的楼梯和坡道来组织空间。

（7）屋顶花园的设计——使用绘画和雕塑的表现技巧设计的屋顶花园。

（8）车库的设计——特殊的组织交通流线的方法,使得车库与建筑完美结合,使汽车易于停放而又不会使车流和人流交错。

（9）雕塑化的设计——这是勒·柯布西耶常用的设计手法,这使得他的作品常常体现出一种雕塑感。

萨伏伊别墅的外观及外部空间如图1-3所示,其内部空间如图1-4所示。

(a)　　　　　　　　　(b)

✳ 图1-3 萨伏伊别墅的外观及外部空间

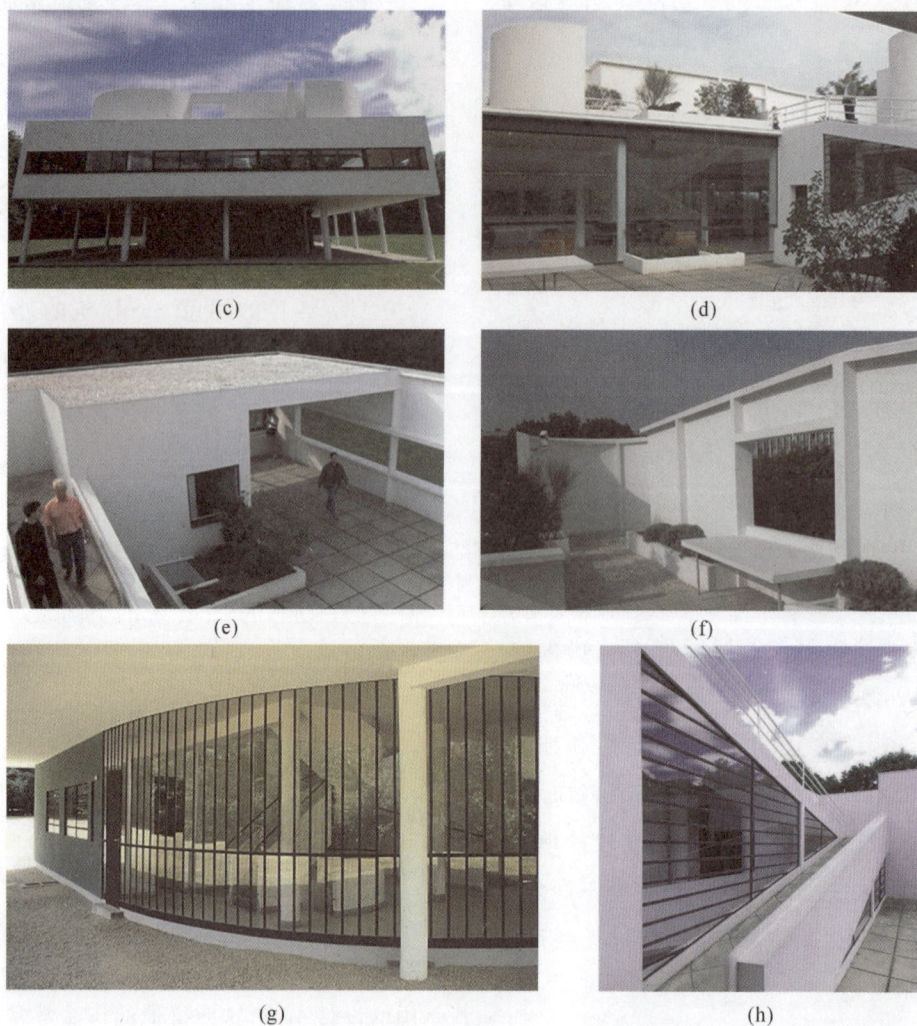

(c)

(d)

(e)

(f)

(g)

(h)

✳ 续图 1-3

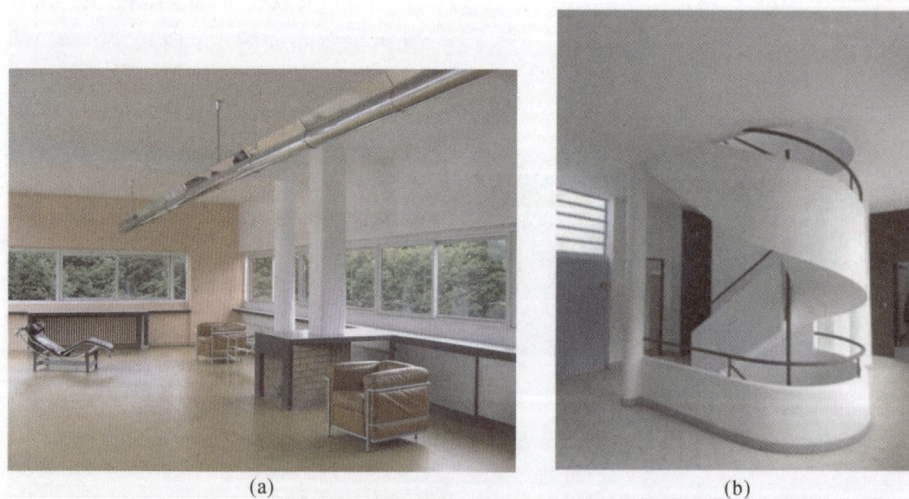

(a)

(b)

✳ 图 1-4 萨伏伊别墅的内部空间

(c)

(d)

(e)

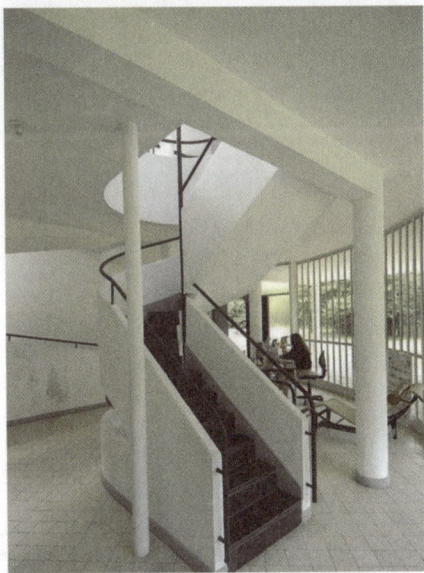
(f)

续图 1-4

5. 方案的修改和成型

与任何一个成功的设计一样，萨伏伊别墅的设计也经历了多轮的修改和完善，才最终变成了我们现在看到的样子，如图 1-5 所示。

6. 网格分析和平面空间划分的形成

萨伏伊别墅平面是通过一个 4×4 的网格进行整体控制和空间布局的，具体分析如图 1-6 所示。

1928年1月

1928年2月

1928年3月

1928年4月

1929年

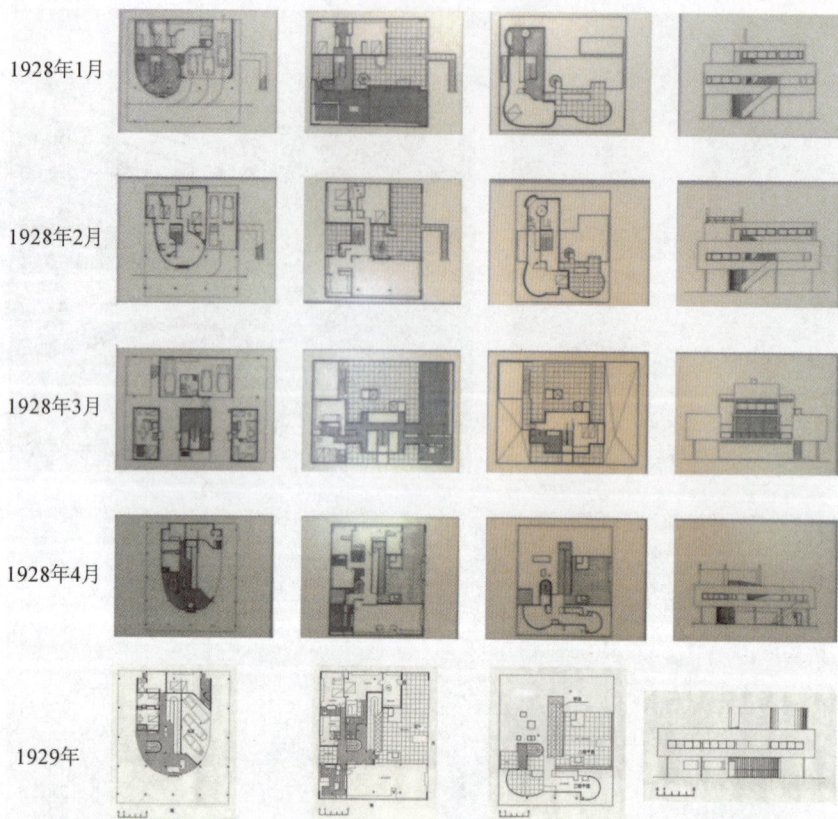

✳ 图1-5　方案的修改和成型

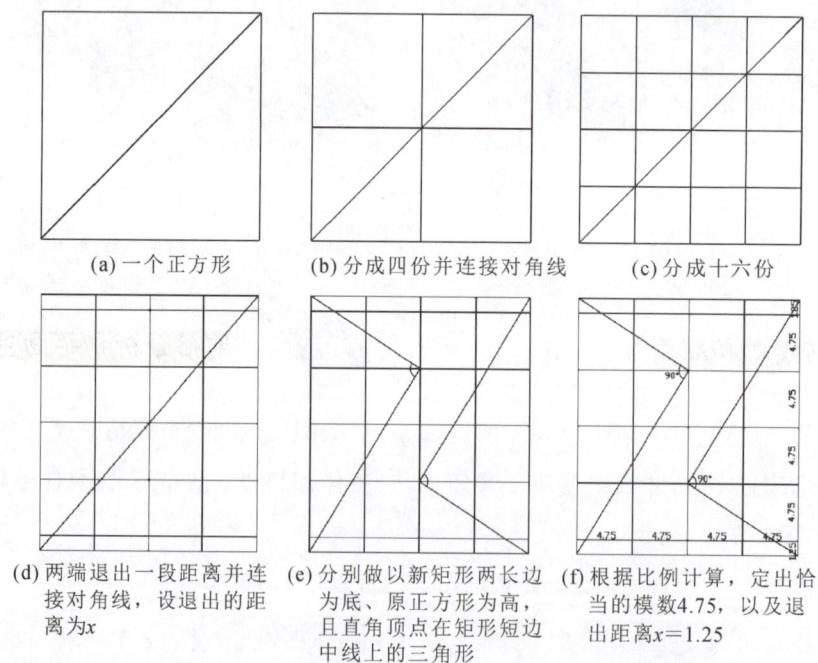

(a) 一个正方形

(b) 分成四份并连接对角线

(c) 分成十六份

(d) 两端退出一段距离并连接对角线，设退出的距离为x

(e) 分别做以新矩形两长边为底、原正方形为高，且直角顶点在矩形短边中线上的三角形

(f) 根据比例计算，定出恰当的模数4.75，以及退出距离$x＝1.25$

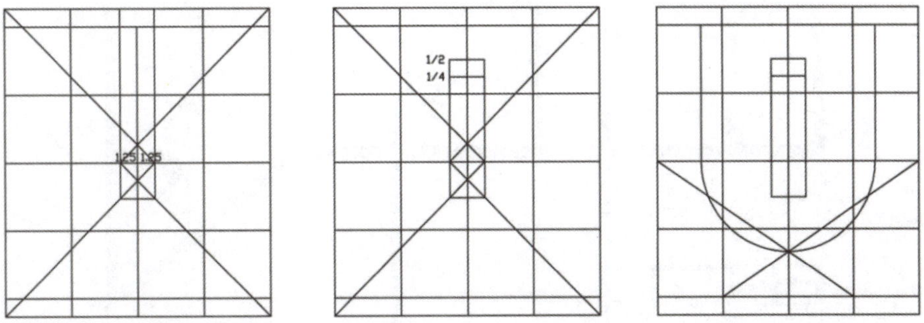

(g) 确立中心坡道的位置和宽度，模数为1.25

(h) 确立坡道的长度为网格的1/2，休息平台的长度为网格的1/4

(i) 以两条线交点为圆心，以其与网格中心点位半径画半圆，确定一层平面

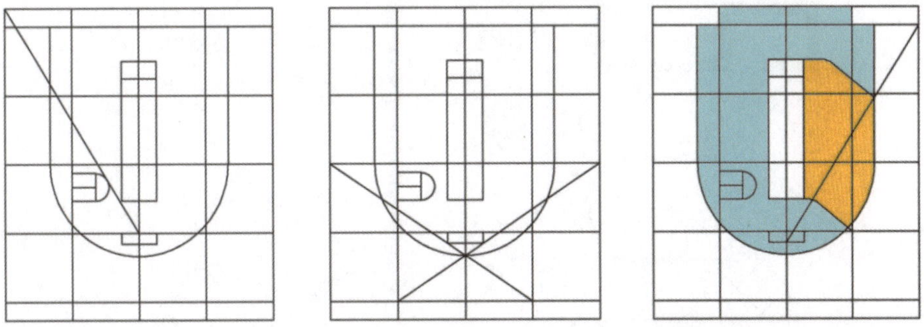

(j) 旋转楼梯的确立

(k) 入口的确立

(l) 车库的确立及一层平面确定

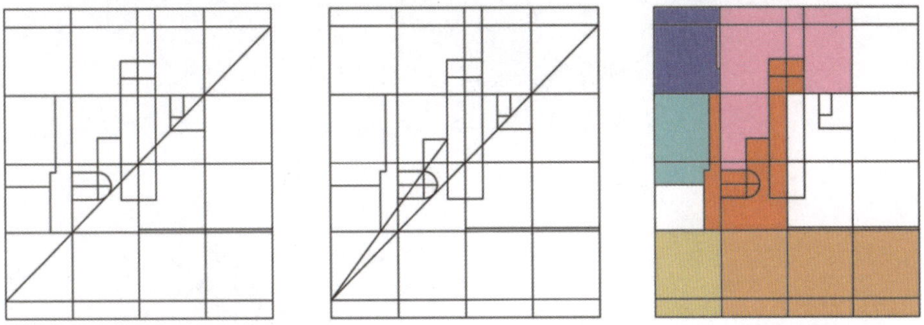

(m) 通过正方形的对角线和旋转楼梯确立二层的初步布局和基准线

(n) 按焦点在一条线上来进行平面分割

(o) 二层平面确定

❋ 图 1-6 网格分析和平面空间划分的形成

如图 1-7 至图 1-12 所示为萨伏伊别墅的平面图、立面图和剖面图。

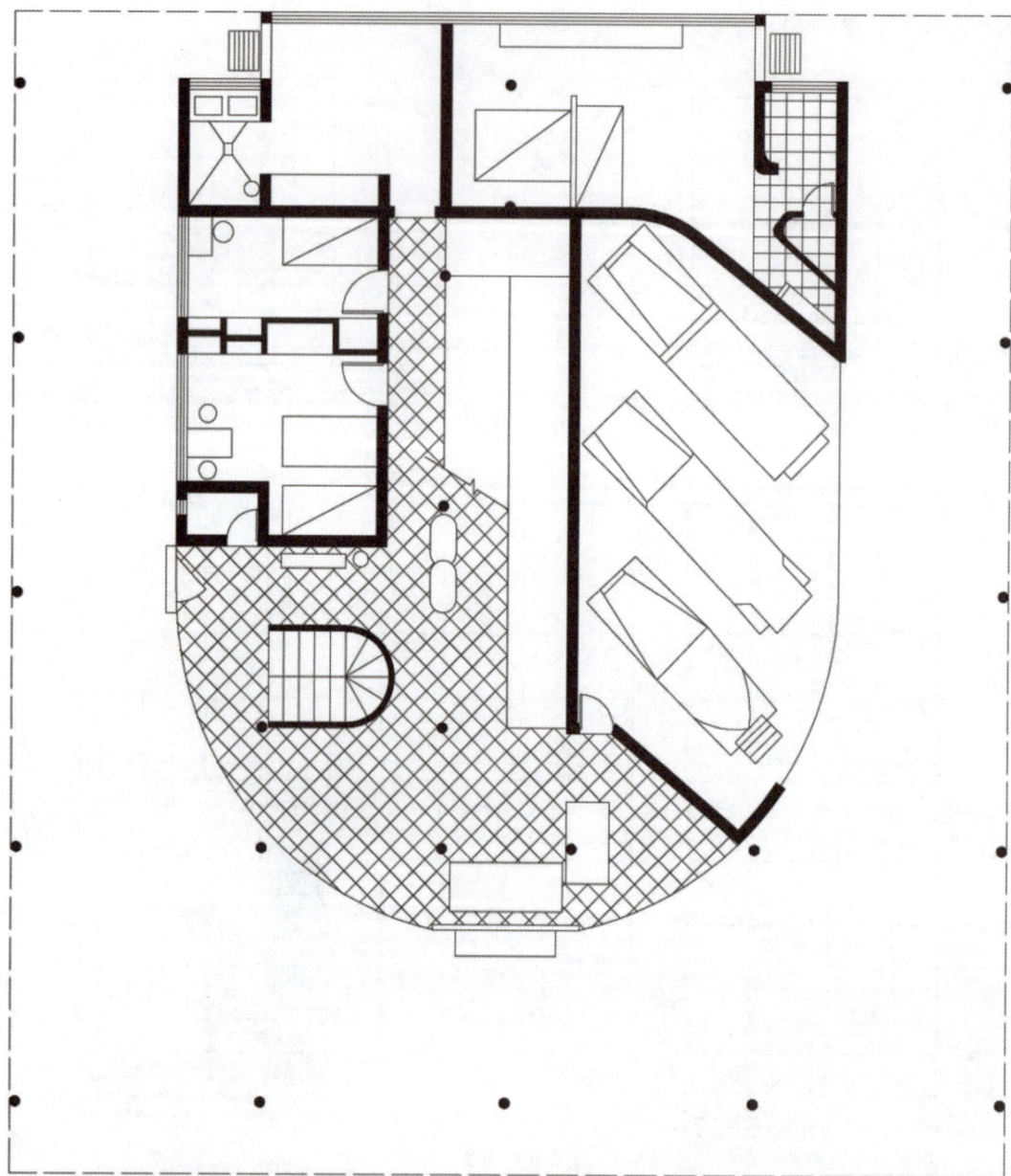

0 1   5

✳ 图 1-7　一层平面图

建筑初步

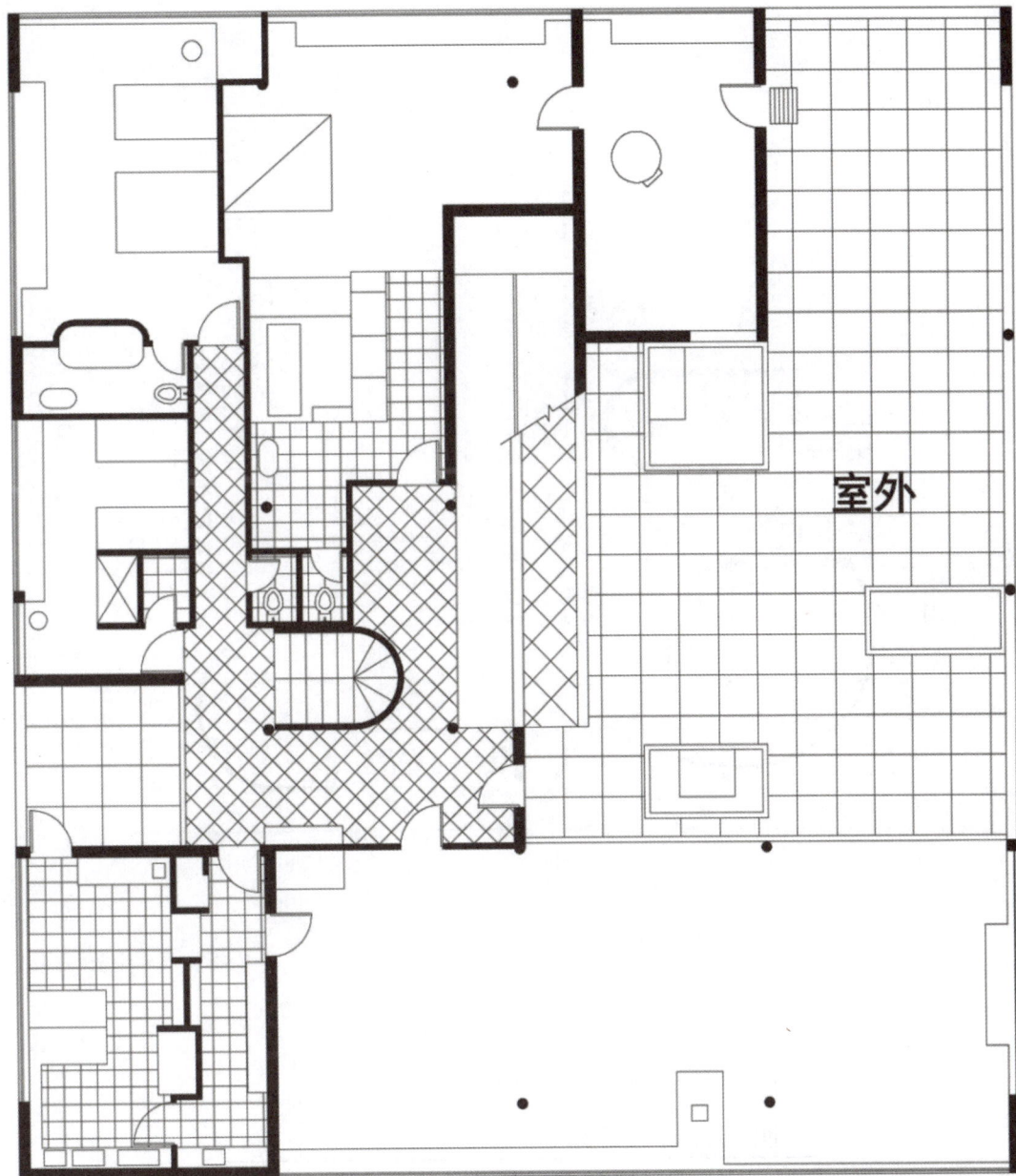

室外

0 1   5

❋ 图 1-8 二层平面图

0 1 5

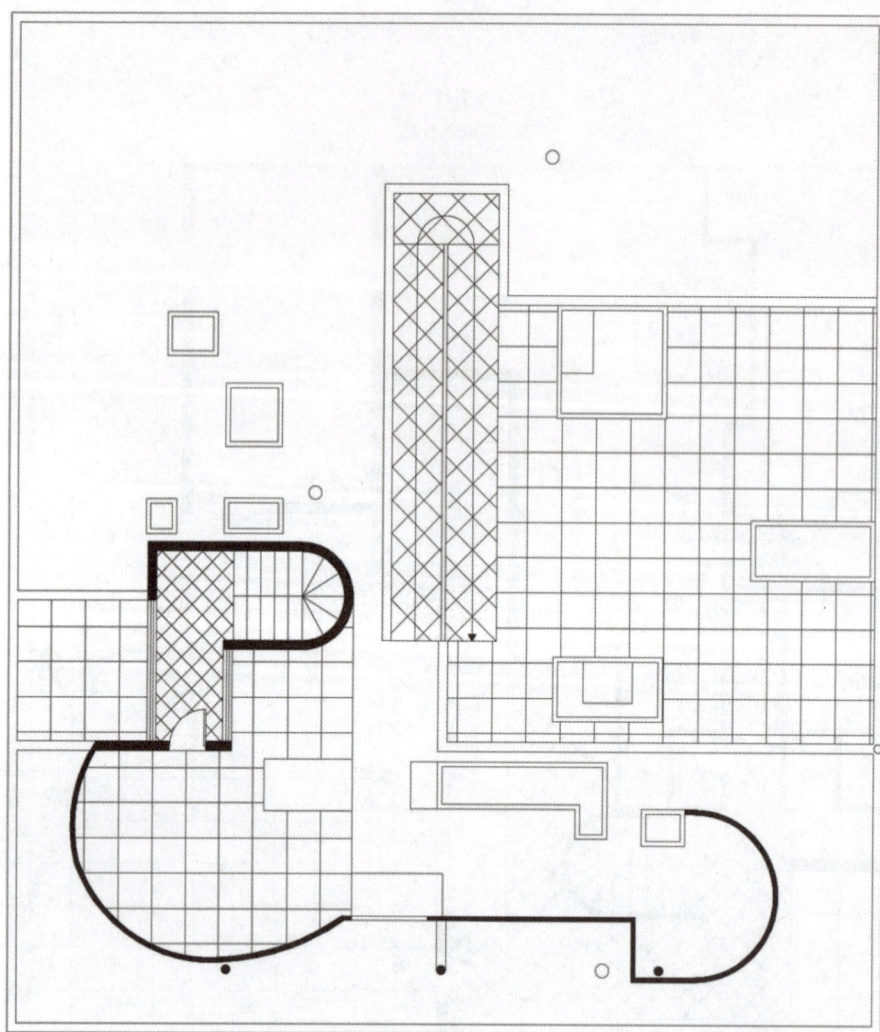

❋ 图 1-9 三层平面图

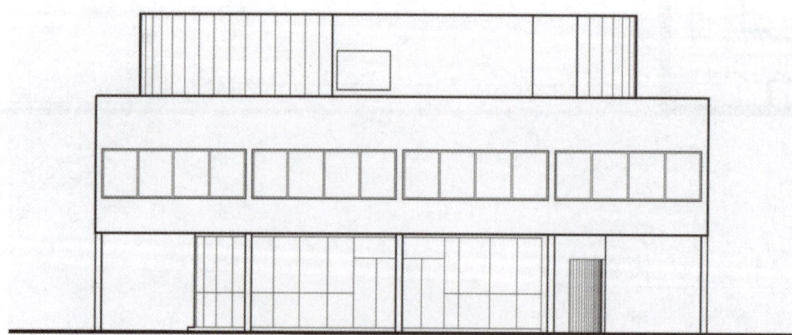

❋ 图 1-10 南立面图

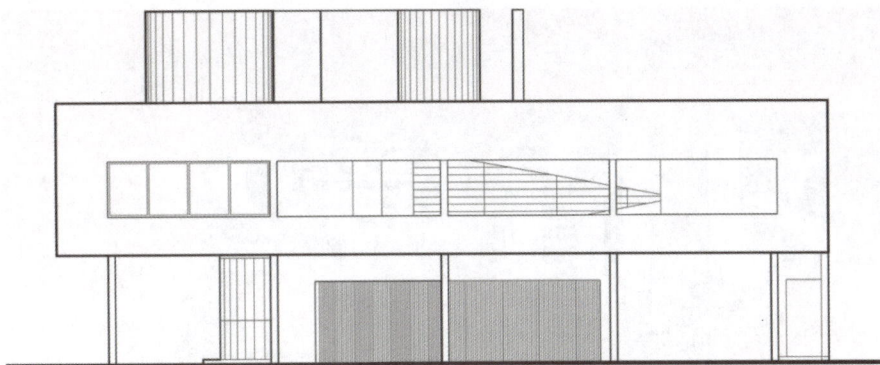

❋ 图 1-11　东立面图

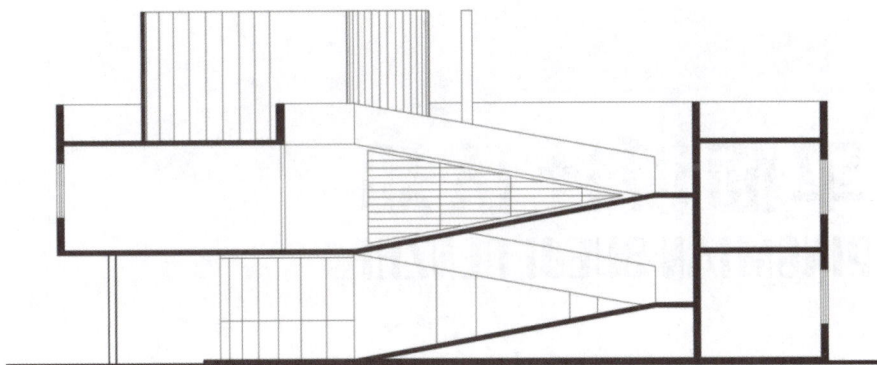

❋ 图 1-12　剖面图

学习情境2

建筑平面设计认知
JIANZHU PINGMIAN SHEJI RENZHI

平面设计是建筑设计的开端,对建筑物的整体效果起着至关重要的作用。平面设计最主要用于解决使用房间的平面布局和交通流线的组织两大问题。

任务 1 平面的形成原理

假想用一个水平剖切平面经门、窗洞将房屋剖开,将剖切平面以下的部分从上向下投射所得到的图形即为建筑平面。建筑平面图反映房屋的平面形状、大小和房间的布置,墙或柱的位置、大小、厚度和材料,门窗的类型和位置等情况。

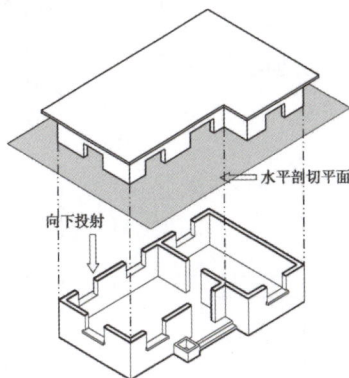

❋ 图 2-1 平面的形成

任务 2 平面的制图规范

1. 平面图的作图步骤

(1)绘制图框线与标题栏,如图 2-2 所示。图纸幅面及图框尺寸见表 2-1。

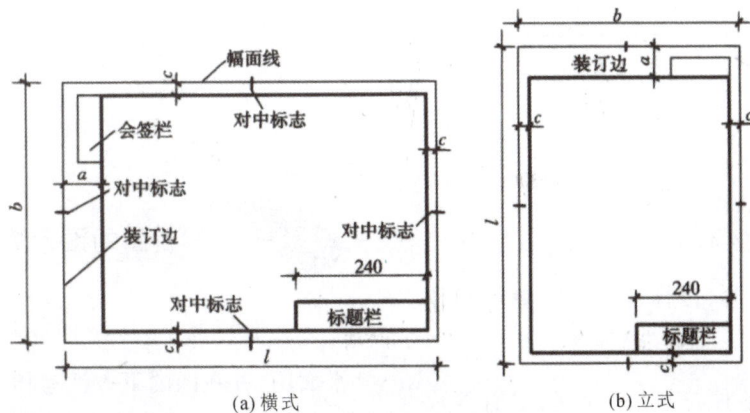

(a)横式　　　　(b)立式

❋ 图 2-2 图框线和标题栏

表 2-1　图纸幅面及图框尺寸

尺寸代号 / 幅面代号	A0	A1	A2	A3	A4
$b \times l$	841×1189	594×841	420×594	297×420	210×297
c	10			5	
a	25				

（2）选择合适的比例,画出柱网以及墙中轴线,
如图 2-3 所示。

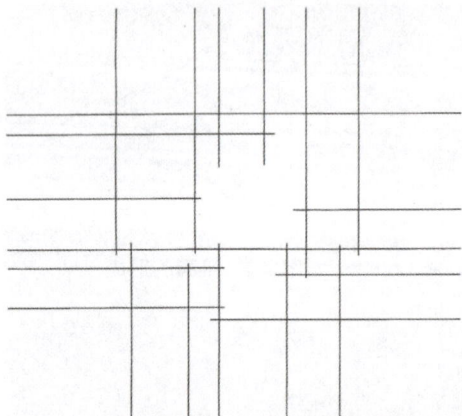

✳ 图 2-3　画墙中轴线

（3）根据墙体厚度画墙体线,如图 2-4 所示。

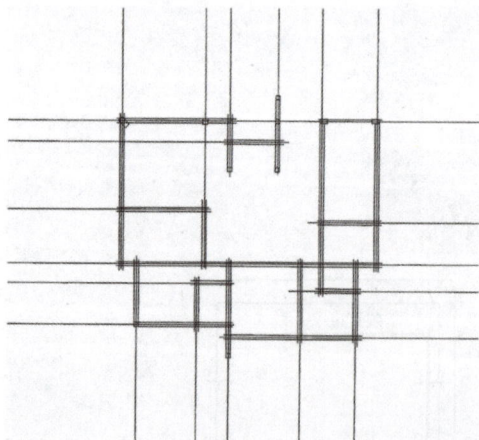

✳ 图 2-4　画墙体线

（4）画门窗洞、台阶、楼梯、阳台、雨棚等建筑
细部,如图 2-5 所示。

（5）标注尺寸及各种符号(如标高、索引等),
如图 2-6 所示。

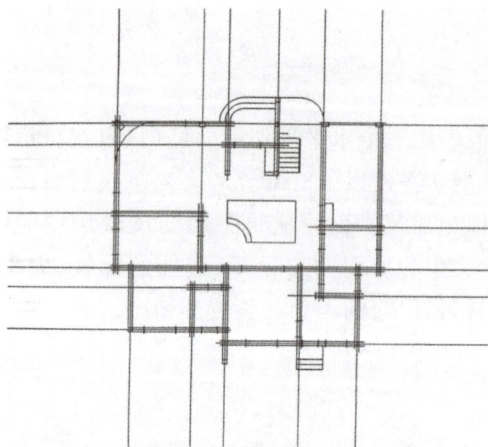

✳ 图 2-5　画出门窗洞及主要建筑细部

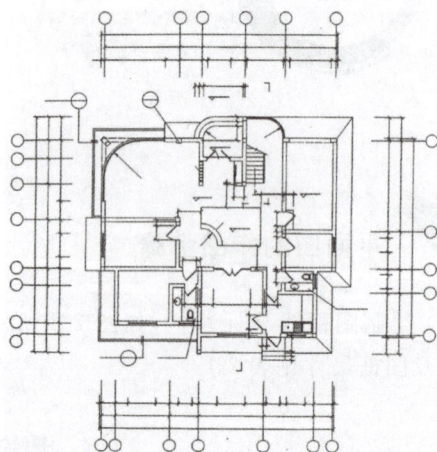

✳ 图 2-6　标注尺寸及各种符号

2.　平面图的图示方法

一般情况下,房屋有多少层,就应绘制多少个
平面图,并在图的下方注写相应的图名。由于多层
房屋的中间层构造、布置情况基本相同,故画一个

平面图即可。屋顶平面图是从建筑物上方向下所做的平面投影，主要用于表明建筑物屋顶上的布置情况和屋顶排水方式。

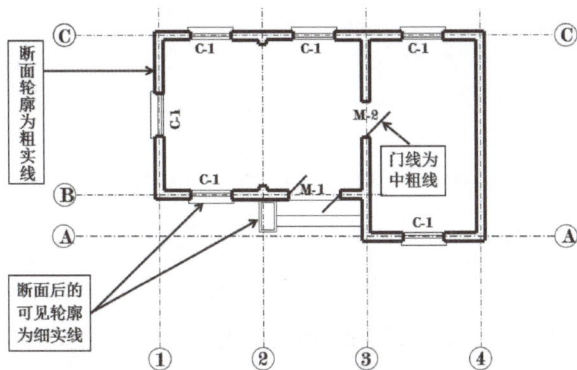

图 2-7 平面图图线要求

>>>> **1）平面图图线**

平面图是剖切得到，被剖切平面剖切到的墙、柱等轮廓线用粗实线表示；未剖切到的可见轮廓线，如窗台、台阶、明沟、花台、梯段、门的开启符号、尺寸起止符号等用中粗线表示；门的开启线、图例线、尺寸线、尺寸界线、标高符号、轴线圆圈等用细实线表示，如图 2-7 所示。

建筑平面图常用的比例是 1∶50、1∶100 或 1∶200，其中 1∶100 使用得最多。

>>>> **2）定位轴线**

定位轴线指建筑物主要墙、柱等承重构件加上编号的轴线。定位轴线用细点画线表示，轴线编号圆为细线，直径为 8 mm（详图上为 10 mm）。平面图上水平方向的编号用阿拉伯数字，从左向右依次编号；垂直方向的编号用大写拉丁字母（I、O、Z 除外）自下而上顺次编号。附加轴线的编号用分数表示，分母为前一轴线的编号，分子为附加轴线的编号，用阿拉伯数字顺序编号，见表 2-2。

表 2-2 附加轴线表示方法

图例	含义
②/4	表示 4 号轴线以后附加的第二根轴线
①/A	表示 A 号轴线以后附加的第一根轴线

>>>> **3）标高符号**

标高符号用于表示建筑物某一部位的高度。标高符号为等腰直角三角形，三角形高为 3 mm，用细实线绘制。标高数值以米为单位，一般标注至小数点后三位（总平面图中标注至小数点后两位）。标高符号应整齐有序、对齐画出。以底层室内主要地坪标高定为相对标高的零点，写成 +0.000，负数标高数字前加注"－"，正数标高数字前不写"＋"。标高表示方法见表 2-3。

表 2-3 标高表示方法

图例	含义
49.50 ▼	总平面图上室外标高注法
3.000 ▽	平面图上注法
9.000 6.000 3.000 ▽	多层标注时

>>>> **4）尺寸**

平面标注尺寸分为内部尺寸和外部尺寸，内部尺寸用于说明房间的净空大小和室内的门窗洞、孔洞、墙厚和固定设备（如厕所、盥洗室等）的大小位置。外部尺寸是为了便于施工读图，平面图上下方及左右侧注写的尺寸。完整的平面标注需要注写三道尺寸：第一道尺寸表示建筑物外墙门窗洞口等各细部位置的大小及定位尺寸；第二道尺寸表示定位轴线之间的尺寸，相邻横向定位轴线之间的尺寸称为开间，相邻纵向定位轴线之间的尺寸称为进深；第三道尺寸表示建筑物外墙轮廓的总尺寸，从一端外墙边到另一端外墙边的总长和总宽。设计初步阶段的平面图标注前两道尺寸即可。

任务 3 房间的平面布局

房间的平面布局是平面设计的首要任务,需要确定在一个既定功能的建筑里,包含多少房间,以及每个房间的大小、形状和它们之间的配置关系等。一般使用房间的面积由家具设备所占的面积、人们正常活动所占的面积和房间内部的交通面积三部分组成。房间的平面形状,主要根据室内使用活动的特点、采光、音质及视线的要求来决定,可采用矩形、扇形、多边形、圆形等多种形式。矩形平面在各种建筑中采用较多。房间之间的配置关系则决定于房间的具体使用功能,不同功能的建筑具有不同的房间配置要求,常常借助功能关系图进行分析,如图 2-8 所示。

一栋建筑少则几十个房间,多则几百个房间,如此多的房间应如何进行组织?将单个房间作为组织单位的话,必将难以组织,因此,需要弄清楚它们内在的有机联系,根据房间的关系归纳为几个功能区,把握了功能分区的关系,就把握了所有房间的功能秩序。图 2-8 中所示的美术馆即被分为展览区、研究创作区、收藏区、行政区和后勤区五个功能区,功能关系图表示的也是该五个功能区的关系。为了更好更清晰的展示房间的平面布局,经常将相同的功能分区用相同的颜色表示,不同的分区用不同的颜色表示,如图 2-9 所示。

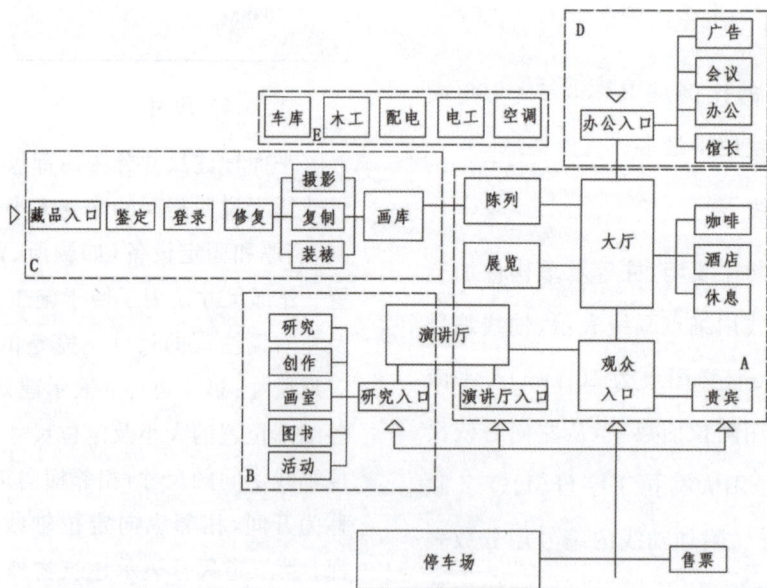

❋ 图 2-8　美术馆功能关系图

A—展览区;B—研究创作区;C—收藏区;D—行政区;E—后勤区

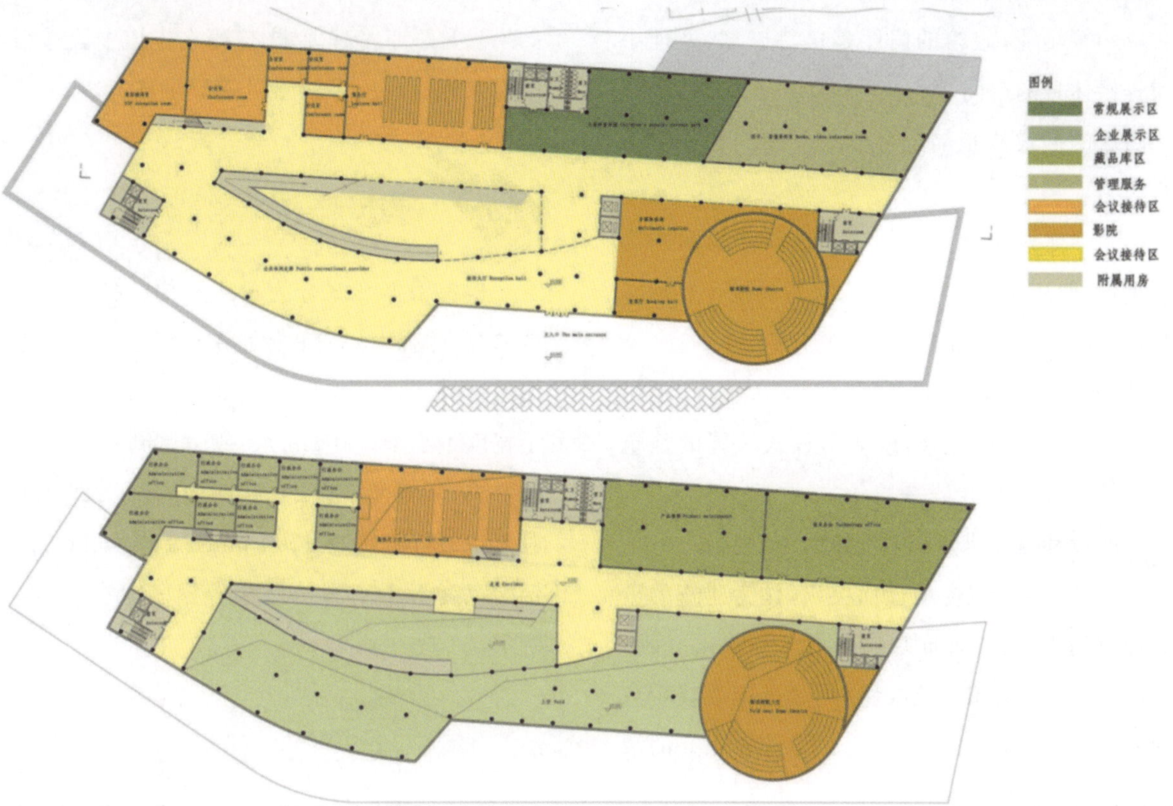

图 2-9　功能分区图

任务 4　交通流线组织

交通流线组织是平面设计的第二大部分,设计需要满足以下几个要求:① 流线简捷明确;② 要有足够的宽度和面积、便于疏散;③ 满足一定的采光通风要求;④ 力求节省交通面积,同时考虑空间处理等造型问题。

交通流线分为水平交通和垂直交通:水平交通用于实现同层之间的联系,通过门厅、过厅、走道实现;垂直交通用于实现不同楼层之间的联系,通过楼梯、电梯、自动扶梯实现。

1. 门厅、过厅

门厅、过厅是建筑物内部的交通枢纽空间,它具有人流集散、方向转换、衔接水平与垂直空间的功能。门厅常根据建筑的性质不同,设置一定的辅助空间。例如:行政办公建筑门厅内设有传达、问讯、接待和休息等空间;医院的门厅有办理挂号、交费和取药等功能;旅馆的门厅是接待旅客、办理手续和等候休息的空间。

门厅的形式从布局上可分为对称式和非对称式两大类。

(1)对称式布置的门厅——强调轴线和庄重的气氛,一般用于政府机关建筑和大型体育及观演类建筑,或者是对称布置的建筑物中。

(2)非对称式布置的门厅——灵活多样,常用于普通旅馆、普通办公楼,或非对称式布置的建筑物中。

门厅设计需要满足以下要求。

(1)门厅的位置应明显而突出,作为建筑的重点处理空间,一般应面向主干道,使人流出入方便。

(2)合理的组织人流线路,尽量避免或减少流线的交叉干扰,为各个使用部分创造相对独立的活动空间。

(3)门厅内要有良好的空间气氛,如良好的采光、通风及合适的空间比例等。

(4)门厅对外出入口的宽度不应小于通向该门的走道、楼梯宽度的总和,且满足消防疏散的要求。

2. 走道

走道是建筑的水平交通设施,连接同层的各个房间。走道设计所关注的是走道的宽度、走道的长度、走道的采光和通风。走道的宽度应满足正常人流通行和紧急情况下疏散的要求。走道单股人流的通行宽度约为 550 mm～600 mm;公共建筑的走道应考虑至少满足两股人流的通行,其宽度不宜小于 1100 mm～1200 mm。走道一般应具备天然采光和自然通风的条件。两侧布置房间的走道,当走道一侧设有采光口时,其长度不应超过 20 m;当走

道两端均设有采光口时,其长度不应超过 40 m。如果满足不了上述要求,应当在走道中段适当部位增设采光口或用人工照明进行补充。

3. 楼梯

楼梯根据形式分为单跑楼梯、双跑楼梯、多跑楼梯等,楼梯由梯段和休息平台组成。梯段宽度根据通行人流多少和消防疏散要求确定。楼梯段最小宽度不小于 900 mm,一般考虑到双向通行人流的要求,其宽度不宜小于 1100 mm～1200 mm,三股人流通行宽度为 1500 mm～1650 mm。休息平台的宽度不小于同一楼梯的梯段宽度,如图 2-10 所示。

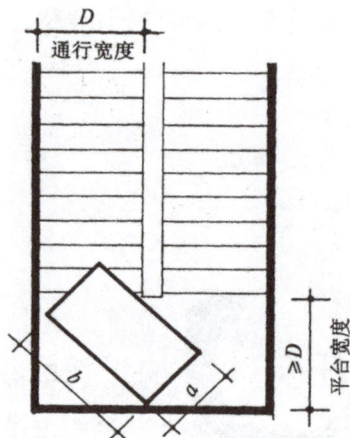

图 2-10 双跑楼梯

楼梯间的形式有敞开楼梯间,封闭楼梯间和防烟楼梯间三种形式,见图 2-11。

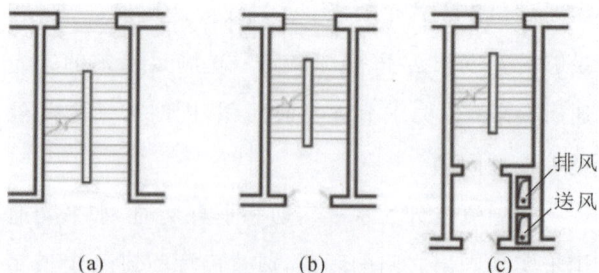

图 2-11 楼梯间的形式

任务 5 门窗的设置

建筑的门一般分为单扇门、双扇门和多扇门等，其常用尺寸及应用见表2-4。

设两个或两个以上的门。门的位置应便于室内家具布置，在人数较多的公共建筑中，为了方便人流通行及在紧急情况下的疏散，门的位置须分散设置。

窗的设置受采光、通风、美观以及建筑结构的影响。一般窗台的高度为900～1000 mm。窗户越高，采光越好，窗的大小除满足立面美观之外，还要满足窗地比的要求，具体公式如下。部分房间的窗地比见表2-5。

$$窗地比 = \frac{房间开窗洞口面积 A_c}{房间使用面积 A_d}$$

表 2-4 门的形式和尺寸

门的形式	尺寸/mm	应　　用
单扇门	600	一般用于储藏间和管道井
	700	用于住宅中的卫生间、厨房和阳台门
	800	
	900	一般用于住宅中的卧室或户门
	1000	一般用于户门
双扇门	1200	一般为双扇房间门或子母门
	1300	用于医院的病房门
	1500	一般用于公共建筑的外门
	1800	
多扇门	2400	门扇宽以 0.6～1.0 m 为宜
	3600	

表 2-5 部分房间的窗地比

房间名称	窗地比(A_c/A_d)
阅览室、幼儿活动室	1/5
办公室、教室	1/6
卧室、起居室、厨房、宿舍	1/7
书库	1/10
住宅楼梯间	1/12

门的数量由房间的面积、可容纳人数以及疏散距离决定。一般情况下，当一个房间的面积不超过60 m² ，且人数不超过50人时，可设一个门，否则应

任务 6 结构形式对平面设计的影响

1. 砖混结构形式

砖混结构是指建筑物中竖向承重结构的墙采

用砖或者砌块砌筑，构造柱及横向承重的梁、楼板、屋面板等采用钢筋混凝土结构。也就是说砖混结构是以小部分钢筋混凝土及大部分砖墙承重的结构。砖混结构是混合结构的一种，是采用砖墙来承

重,钢筋混凝土梁柱板等构件构成的混合结构体系。按墙体承重方式的不同,砖混结构分为横墙承重、纵墙承重和纵横墙承重三种形式,见图2-12。

(a) 横墙承重

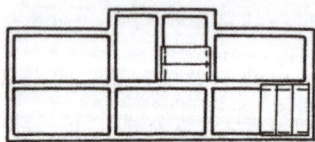

(b) 纵墙承重

(c) 纵横墙承重

(d) 纵横墙承重(梁板布置)

❋ **图 2-12 砖混结构的布置方案**

砖混结构适合开间进深较小,房间面积小,多层或低层的建筑,对于承重墙体不能改动,而框架结构则对墙体大部可以改动。砖混结构平面设计有以下要求。

(1)房间的开间或进深基本统一,并符合钢筋混凝土板的经济跨度。

(2)上下层承重墙体对齐重合;承重墙的布置要均匀、闭合,以保证结构的刚性要求。

(3)较长的独立墙体应设置墙垛或壁柱以加强其稳定性。

(4)承重墙上的门窗洞口的开设应符合墙体承重的受力要求,地震区还应符合抗震要求。

(5)个别面积较大的房间,应设置在房屋的顶层或单独的附属体中,以便结构上另行处理。

2. 框架结构形式

框架结构是指由梁和柱以钢筋相连接而成,构成承重体系的结构,即由梁和柱组成框架共同抵抗使用过程中出现的水平荷载和竖向荷载。框架结构布置有横向框架、纵向框架和纵横向框架等形式,见图 2-13。

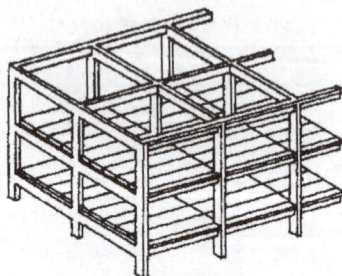

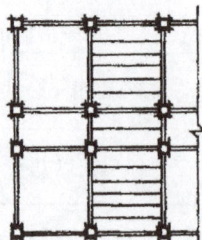

(a) 横向框架

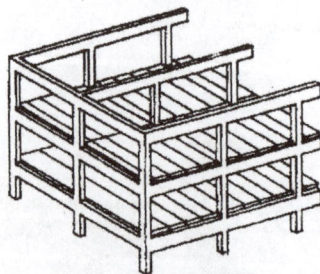

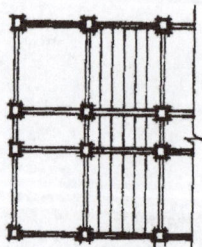

(b) 纵向框架

❋ **图 2-13 框架建筑结构布置形式**

框架结构的平面设计有以下要求。

（1）建筑体型整齐，平面尺寸应符合柱网的规格、模数及梁的经济跨度的要求，常用的柱网尺寸为$(6\sim8)$ m×$(4\sim6)$ m。

（2）为保证框架结构的刚性要求，当建筑的高厚比达到一定要求后，应当在平面中设置刚性横墙（剪力墙），剪力墙在建筑中宜对称布置。

（3）楼梯间和电梯井的位置，应选择有利于加强框架结构刚度的位置。

3. 空间结构

一般我们把壳体、网架、悬索、折板等结构形称为空间结构，这种结构形式适用于大跨度空间的建筑，见图2-14。

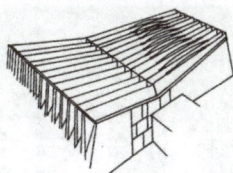

(a) 褶板结构　　(b) 壳体结构

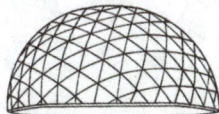
(c) 球形网架结构

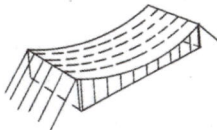
(d) 悬索结构

❋ 图2-14　各种空间结构示意

任务7　实训2——建筑平面图绘制

本实训的任务是绘制萨伏伊别墅平面图。

教学目的　掌握平面图的绘制方法，理解萨伏伊别墅平面的设计过程，掌握墨线图的绘制方法。

教学任务　完成萨伏伊别墅一、二、三层平面的绘制。

成果要求　① 图纸要求用 A3 绘图纸（420 mm×297 mm）；② 比例要求为1∶100；③ 表现形式用墨线表现。

学习情境3

建筑立面设计认知

JIANZHU LIMIAN SHEJI RENZHI

任务 1 立面的形成原理

在与房屋立面平行的投影面上所做房屋的正投影图,称为建筑立面图,简称立面图,如图 3-1 所示。立面图主要反映房屋各部位的高度、外貌和装修要求,是建筑外装修的主要依据。

其中,反映主要出入口或比较显著地反映出房屋外貌特征的那一面的立面图,称为正立面图,其余的立面图相应地称为背立面图和侧立面图。但通常也按房屋的朝向来命名,如南立面图,北立面图、东立面图和西立面图等。有时也按轴线编号来命名,如①~⑨立面图或 A~E 立面图等。

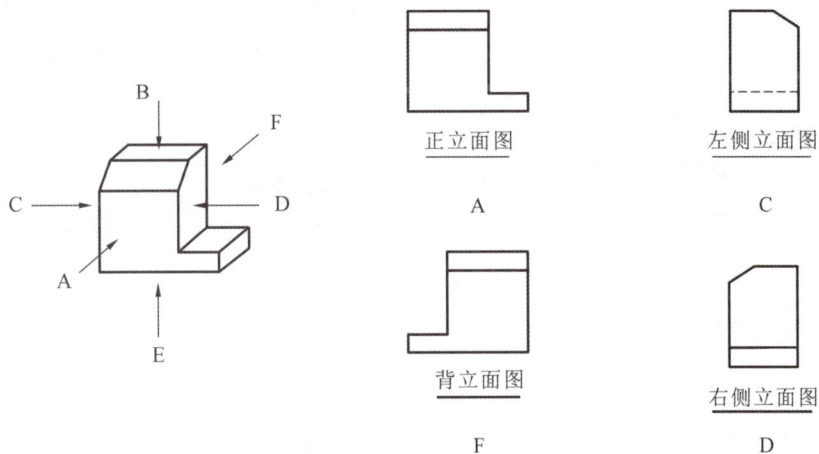

※ 图 3-1 建筑立面图

任务 2 立面的制图规范

1. 立面图的图示内容和规定画法

⟩⟩⟩⟩ 1)基本内容

建筑立面图应按正投影法绘制,表达房屋外墙面上可见的全部内容,具体如下。

(1)建筑立面图主要表明建筑物外立面的形状。

(2)门窗在外立面上的分布、外形、开启方向。

(3)屋顶、阳台、台阶、雨棚、窗台、勒脚、雨水管的外形和位置。

（4）外墙面装修做法。

（5）室内外地坪、窗台、窗顶、阳台面、雨棚底、檐口等各部位的相对标高及详图索引符号等。

≫≫≫2）规格和要求

（1）定位轴线。

一般只标出图两端的轴线及编号,其编号应与平面图一致。

（2）图线。

① 立面图的外形轮廓用粗实线表示。

② 室外地坪线用1.4倍的加粗实线(线宽为粗实线的1.4倍左右)表示。

③ 门窗洞口、檐口、阳台、雨棚、台阶等用中实线表示。

④ 其余的,如墙面分隔线、门窗格子、雨水管以及引出线等均用细实线表示。

（3）图例。

在立面图上,门窗应按标准规定的图例画出。

（4）尺寸注法。

在立面图上,高度尺寸主要用标高表示。一般应

标注出室内外地坪、一层楼地面、窗洞口的上下口、女儿墙压顶面、进口平台面及雨棚底面等的标高。

（5）外墙装修做法。

外墙面根据设计要求可选用不同的材料及做法,在图面上,多选用带有指引线的文字说明。

标明建筑物外形高度方向的三道尺寸,即建筑物总高度、分层高度和细部高度等。标明各部位的标高,便于查找高度上的位置。

为了使立面图的外形更清晰,通常用粗实线表示立面图的最外轮廓线,而凸出墙面的雨棚、阳台、柱子、窗台、窗楣、台阶、花池等投影线用中粗线画出,地坪线用加粗线(粗于标准粗度的1.4倍)画出,其余如门、窗及墙面分格线,落水管以及材料符号引出线、说明引出线等用细实线画出。

2. 立面图的绘图方法与步骤

绘制立面图的方法与步骤具体如下,见图3-2。

（1）画室外地坪线、横向定位轴线、室内地坪线、楼面线、屋顶线和建筑物外轮廓线。

(a)画室外地坪线、外墙轮廓线、屋面线

✳ 图3-2 立面图绘图步骤

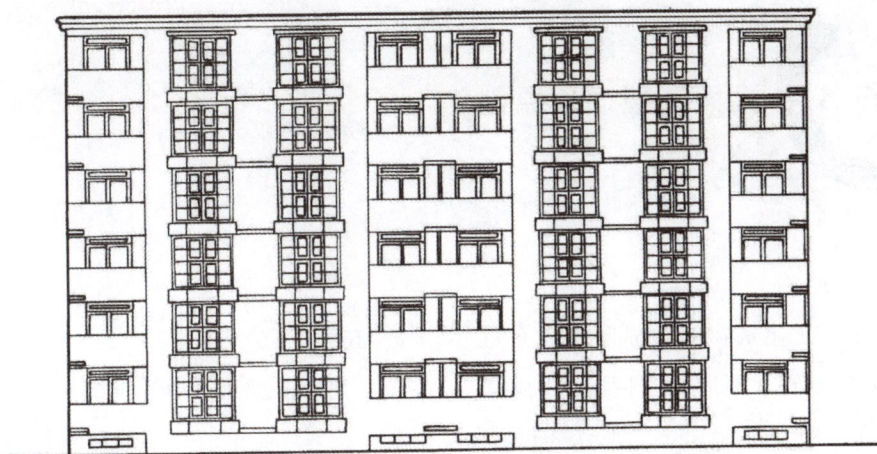

(b) 定门窗位置，画细部

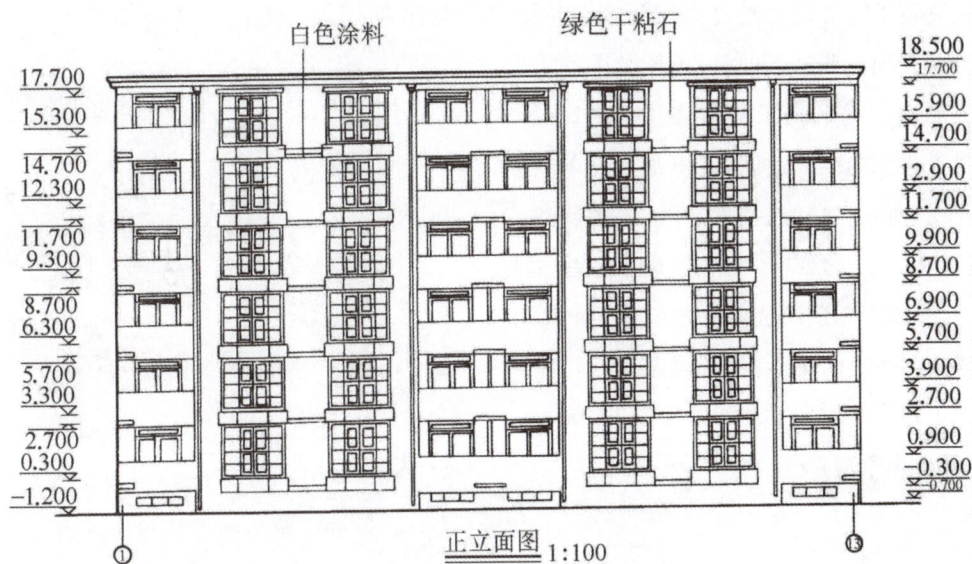

白色涂料　　　　　绿色干粘石

正立面图 1:100

(c) 加深图线，标注门窗洞口标高，完成立面图

❋ 续图 3-2

（2）画各层门窗洞口线。

（3）画墙面细部，如阳台、窗台、檐线、门窗细部分格、壁柱、室外台阶、花池等。

（4）检查无误后，按立面图的线型要求进行图线加深。

（5）标注标高、首尾轴线，书写墙面装修文字和图名、比例等。说明文字一般用 5 号字，图名用 10～14 号字。

任务 3　立面造型设计原则

建筑体形和立面是建筑物的外部形象。不同类型的建筑，由于功能要求不同，各自都有其独特的内部空间形式和空间组合，在建筑外形上也必然会具有不同的特点。因此，建筑物不同的功能要求在很大程度上决定了它的外形特点，建筑体形和立面就会有意识地表现这些外形的特点，使其个性更鲜明、突出，从而有效地区别于其他建筑。建筑体形和立面受制于建筑的内部空间，但不是其简单的反映或直接表现，而是在功能、技术、经济等的制约下，根据建筑艺术表现的要求和形式美的构图规律，进行艺术上的加工创造而成的。建筑体形和立面设计必须遵循形式美的设计原则，包含统一与完整、对比与微差、均衡与稳定、韵律与节奏、比例与尺度、主从与重点等原则。

1. 统一与完整

最伟大的艺术，是把最繁杂的多样变成最高度的统一，多样统一可称为形式美的规律，即在统一中求变化，在变化中求统一。建筑物是由不同的空间和不同的构件组成的。由于功能使用要求和结构、技术要求的不同，这些空间和构件的形式、材料、色彩和质感各不相同，这就为多样化提供了物质条件。而这些空间和构件在功能使用和结构系统上的内在联系，又为统一提供了客观可能性。在建筑体形和立面设计中，应充分考虑和利用它们的一致性和差异性的因素，加以有规律的处理，将统一与变化完美结合。

立面造型设计中达到统一的手法有以下几种。

（1）以简单的几何形状求统一。任何简单的、容易认知的几何形状，都具有必然的统一感，见图 3-3。

✳ 图 3-3　以简单的几何形状求统一

（2）利用次要部位对主要部位的从属关系求统一。这种求统一的方式包含两种：一种是以体量的支配地位求统一，如图 3-4 中，两侧较小的体量明显从属于中间较大的体量；一种是以高度求统一，如图 3-5 中，两个尺寸一样的形体，一躺一立，高的形体自然就处于支配地位。

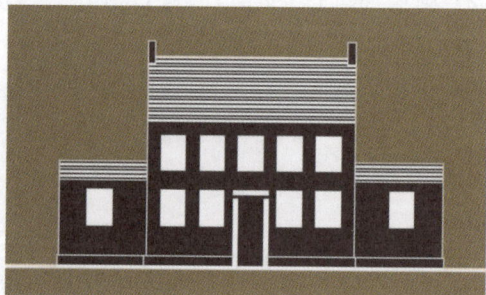

✳ 图 3-4　以体量的支配地位求统一

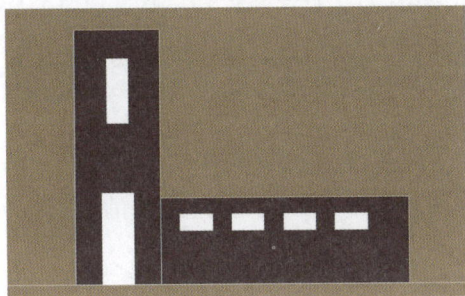

※ 图3-5　以高度求统一

（3）利用细部和形状的协调求得统一，如图3-6所示。

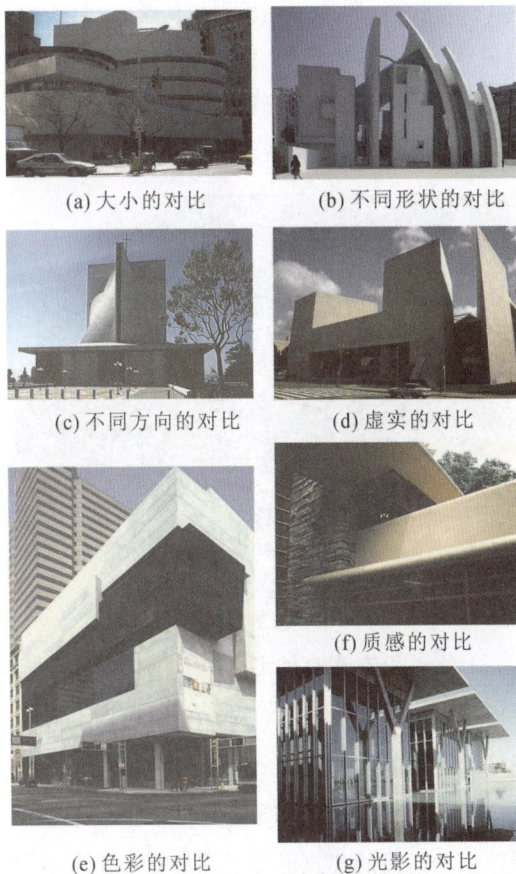

※ 图3-6　利用细部和形状的协调求统一

（4）利用色彩和材质来获得统一，如图3-7所示。

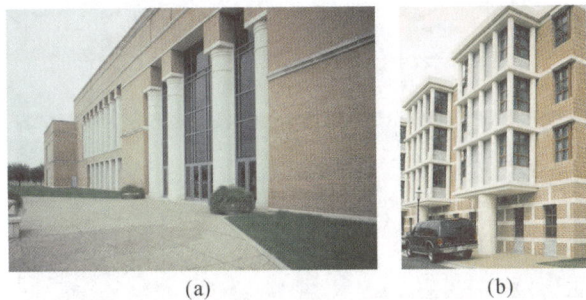

(a)　　　　　　　　(b)

※ 图3-7　利用色彩和材质获得统一

2. 对比与微差

在建筑设计领域中，无论是整体还是细部、单体还是群体、内部空间还是外部体形，为了破除单调而求得变化，都离不开对比与微差手法的运用，利用差异性来求得建筑形式的完整统一。

● 对比：建筑中某一因素（如材料、色彩、明暗等）有显著差异时，所形成的不同表现效果称为对比。它可以借彼此之间的烘托陪衬来突出各自的特点以求得变化，见图3-8。

● 微差：是指建筑中各因素之间不显著的差异，可以借相互之间的共同性以求得和谐见图3-9。

需要注意的是对比与微差只限于同一性质的差别之间。立面造型设计中常用的对比手法有以下几种。

(a) 大小的对比　　　(b) 不同形状的对比

(c) 不同方向的对比　　(d) 虚实的对比

(f) 质感的对比

(e) 色彩的对比　　　(g) 光影的对比

※ 图3-8　对比的几种形式

（1）大小的对比，即形状、体量大小的对比。

（2）形状的对比。形状的对比多为直线和曲线的对比，直线能给人以刚劲挺拔的感觉，曲线则显示出柔和活泼。巧妙地运用这两种线型，通过刚柔之间的对比和微差，可以使建筑构图富有变化。例如，西方古典建筑中的拱柱式结构、中国古代建筑屋顶的举折变化等都是运用直线和曲线对比变化的范例。现代建筑运用直线和曲线对比的成功例子也很多,特别是采用壳体或悬索结构的建筑,可利用直线和曲线之间的对比来加强建筑的表现力。

(3)方向的对比。即使同是矩形,也会因其长宽比例的差异而产生不同的方向性,有横向展开的,有纵向展开的,也有竖向展开的。交错穿插地利用纵向、横向、竖向三个方向之间的对比和变化,往往可以收到良好效果。

(4)虚实的对比。虚是指通透、轻盈的构成要素,如一般玻璃、通透的隔断、阴影等;实是指厚重、稳定的构成要素,如实墙、大体积构件等。利用孔、洞、窗、廊与坚实的墙垛、柱之间的虚实对比将有助于创造出既统一和谐又富于变化的建筑形象。

※ 图3-9 微差

(5)色彩和质感的对比。由于色相、明暗、浓淡、冷暖的不同,会产生色彩的对比;不同的肌理感觉,如粗细、光滑、纹理的凹凸感不同,会产生质感的对比。色彩的对比和调和,质感的粗细和纹理变化对于创造生动活泼的建筑形象也都起着重要作用。

(7)光影的对比,如自然光源及人造光源下形成的明暗对比。

3. 均衡与稳定

处于地球重力场内的一切物体只有在重心最低和左右均衡的时候,才有稳定的感觉。例如,下

大上小的山,左右对称的人等。通过建筑的实践使人们认识到,均衡而稳定的建筑不仅实际上是安全的,而且在视觉上也是舒服的。

均衡分为静态的均衡和动态的均衡。静态的均衡有两种基本形式:一种是对称的均衡,一种是不对称的均衡。下面分别进行介绍。

>>>>> **1)对称的均衡**

对称的形式天然就是均衡的,加之它本身又体现出一种严格的制约关系,因而具有一种完整统一性。中外建筑史上无数优秀的实例,都是因为采用了对称的组合形式而获得完整统一的。中国古代的宫殿、佛寺、陵墓等建筑,几乎都是通过对称布局把众多的建筑组合成为统一的建筑群。在西方,特别是从文艺复兴到19世纪后期,建筑师几乎都倾向于利用均衡对称的构图手法谋求整体的统一。例如,圆厅别墅和林肯纪念堂,如图3-10所示。

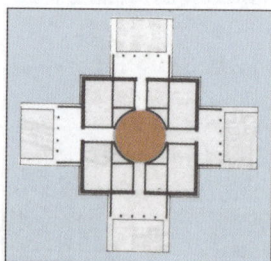

(a)圆厅别墅

(b)林肯纪念堂

※ 图3-10 对称的均衡

>>>>> **2)不对称的均衡**

由于构图受到严格的制约,对称形式往往不能

适应现代建筑复杂的功能要求。现代建筑师常采用不对称均衡构图。这种形式构图,因为没有严格的约束,适应性强,显得生动活泼。在中国古典园林中这种形式构图应用已很普遍。

不对称均衡的首要原则是在均衡中心上加上一个有力的强音,将均衡中心强调出来,如图 3-11(a)所示。不对称均衡的第二个原则是杠杆平衡原理,如图 3-11(b)所示。

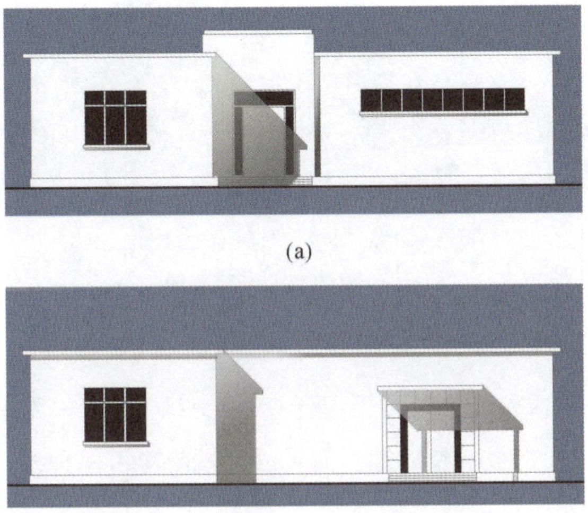

(a)

(b)

✳ 图 3-11　不对称的均衡

≫≫≫ 3)动态的均衡

除静态均衡外,有很多现象是依靠运动来求得平衡的,这种形式的均衡称之为动态均衡。例如,旋转的陀螺,展翅的飞鸟,奔跑的走兽等所保持的均衡,都属于动态均衡。

现代建筑理论强调时间和空间两种因素的相互作用和对人的感觉所产生的巨大影响,促使建筑师去探索新的均衡形式——动态均衡。例如,把建筑设计成飞鸟的外形、螺旋体形,或采用具有运动感的曲线等,将动态均衡形式引进建筑构图领域。例如,美国的肯尼迪国际机场 TWA 航站楼似大鹏展翅的形体,表明了建筑形体的稳定感与动态感的高度统一,这也一种从静中求动的建筑形式美,见图 3-12。

✳ 图 3-12　动态的均衡

与均衡相关联的是稳定。如果说均衡所涉及的主要是建筑构图中各要素左与右、前与后之间相对轻重关系的处理,那么稳定所涉及的则是建筑物整体上下之间的轻重关系处理。西方古典建筑几乎总是把下大上小、下重上轻、下实上虚奉为求得稳定的金科玉律。随着工程技术的进步,现代建筑师则不受这些约束,创造出许多同上述原则相对立的新的建筑形式。

4. 韵律与节奏

古今中外的建筑,不论是单体建筑或群体建筑,还是细部装饰,几乎处处都有应用韵律美来产生节奏感的例子。节奏与韵律是建筑造型中连续变化的规律,在建筑构件中是连续组织构件的一种规律,是使大体上并不相连贯的感受获得规律化的最可靠的方法之一。韵律与节奏的类型包括重复的韵律、渐变的韵律和交错的韵律等,见图 3-13。

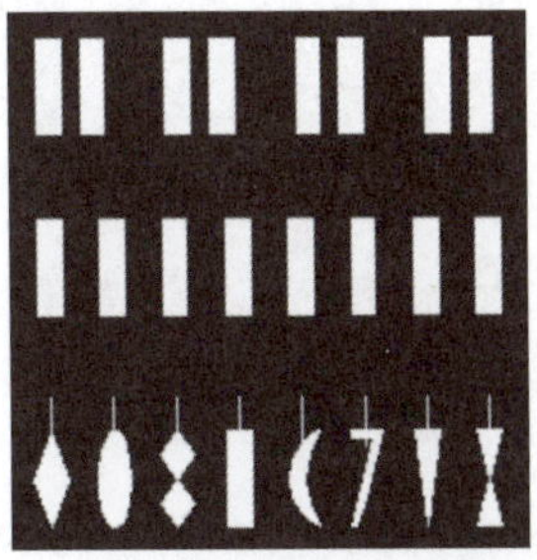

(a)重复的韵律

✳ 图 3-13　韵律与节奏

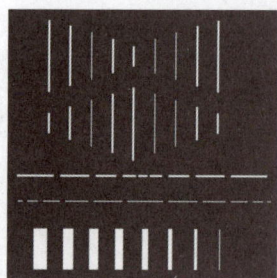

(b) 渐变的韵律

(c) 交错的韵律

✳ 续图 3-13

》》》》》1）重复韵律

以一种或几种组合要素连续安排，各要素之间保持恒定的距离，可以连续地重复等，是这种韵律的主要特征。其包括体量与形态上的重复、大构件的重复、细部的重复等。建筑装饰中的带形图案，墙面的开窗处理，均可运用这种韵律获得连续性和节奏感，见图 3-14。

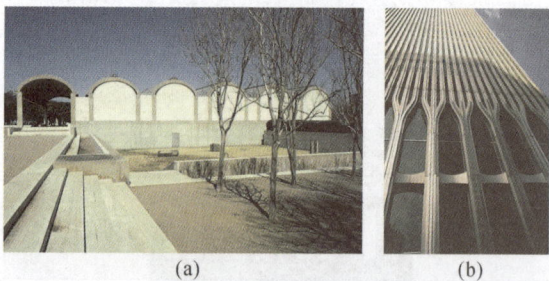

(a)　　　　　　　　(b)

✳ 图 3-14　重复韵律

》》》》》2）渐变韵律

重复出现的组合要素在某一方面有规律地逐渐变化，如加长或缩短、变宽或变窄、变密或变疏、变浓或变淡等，便形成渐变的韵律。例如，古代密

檐式砖塔由下而上逐渐收分，许多构件往往具有渐变韵律的特点，见图 3-15。

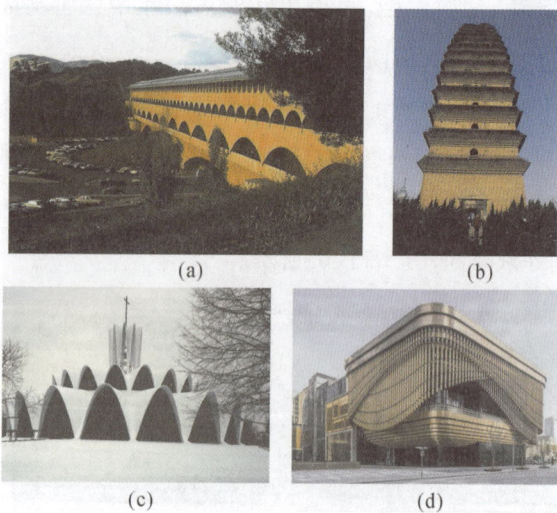

(a)　　　　　　　　(b)

(c)　　　　　　　　(d)

✳ 图 3-15　渐变韵律

》》》》》3）交错韵律

两种以上的组合要素互相交织穿插，一隐一显，便形成交错韵律。简单的交错韵律由两种组合要素作纵横两向的交织、穿插构成；复杂的交错韵律则由三个或更多要素进行多向交织、穿插构成。现代空间网架结构的构件往往具有复杂的交错韵律，见图 3-16。

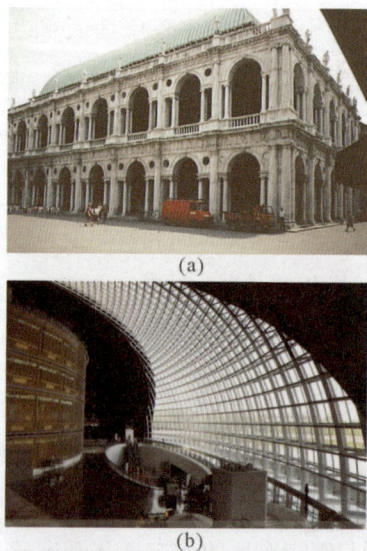

(a)

(b)

✳ 图 3-16　交错韵律

5. 比例与尺度

比例是指建筑物各部分之间在大小、高低、长短、宽窄等数学上的关系，尺度则是指建筑物的局部或整体对某一固定物件相对的比例关系。因此，相同比例的某建筑的局部或整体，在尺度上可以不同。建筑物的空间及其各部分的尺度和比例，主要由其使用功能和不同材料性能、结构形式来确定，不同类型和性质的建筑在尺度上和比例上都有不同的要求和相应的处理方法。建筑物的整体和局部、局部和局部的比例和尺度关系，对于获得良好的建筑造型至关重要。

1）比例

维欧勒·勒·杜克（Viollet-le-Duc）在他所著的《法国建筑通用辞典》一书中，将比例定义为：比例是整体与局部存在着的关系——是合乎逻辑的、必要的关系，同时比例还具有满足理智和视觉要求的特性。例如，古典柱式是研究比例的典范，见图 3-17。

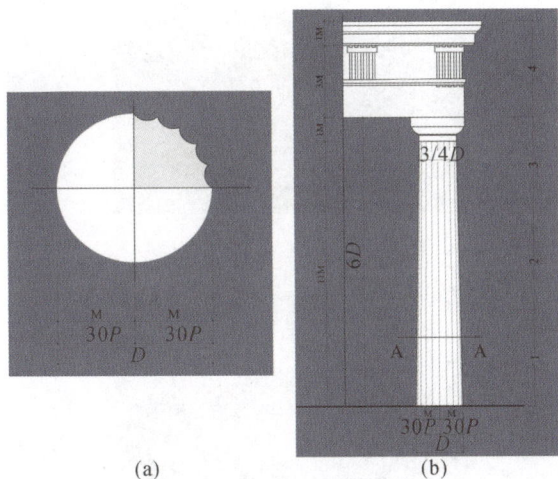

图 3-17 用古典柱式研究比例

用几何关系的制约性来分析建筑的比例，是西方古典建筑常用的一种手段，具有确定比例关系的

圆、正三角形、正方形以及 $1:\sqrt{2}$ 的长方形通常被用来作为分析建筑比例的一种范例，见图 3-18。

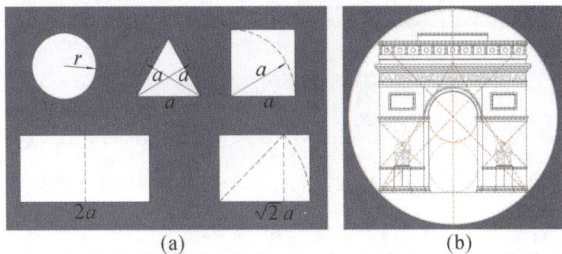

图 3-18 用具有确定比例关系的图形来分析建筑比例

要素之间若呈相似形即可获得和谐的效果，这分别表现为它们的对角线相互平行，或者相互垂直，见图 3-19。

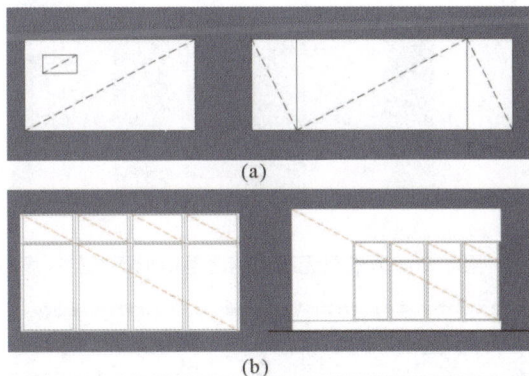

图 3-19 用相似形获得和谐的效果

建筑设计过程中比例关系的处理主要包括三个层面：① 建筑物整体的比例关系；② 各部分相互之间的比例关系，墙面分割的比例关系；③ 细部的比例关系。

2）尺度

尺度指的是建筑物的整体或局部与人之间在度量上的制约关系。此二者如果统一，建筑形象就可以正确反映出建筑物的真实大小；如果二者不统一，建筑形象就会歪曲建筑物的真实大小。图 3-20 中，从外观来看这三张图都是 2 层的建筑，而实际上通过与人的尺度关系可以看出，只有最右侧的建筑才是正常的尺度。

※ 图 3-20　尺度

建筑物能否正确表现出其真实的大小，在很大程度上取决于其立面处理。一个抽象的几何形状，只有实际的大小则没有尺度感的问题，但一经建筑处理便可以使人获得尺度感。如图 3-21 所示，同样大小的长方形，人的有无和人的比例大小不同，会带来不同的尺度感；反之，如图 3-22 所示，虽然建筑立面处理不同，但是由于人的比例大小相同，也会给人相同的尺度感。

※ 图 3-21　人的有无和人的比例造成不同的尺度感

※ 图 3-22　相同的人的比例造成相同的尺度感

通常，栏杆、踏步、人体尺度等不变要素往往可以显示出建筑的尺度感。例如，图 3-23（a）中没有人，无法判断建筑的尺度；而图 3-23（b）中因为人的存在，立即凸显出了建筑的尺度。

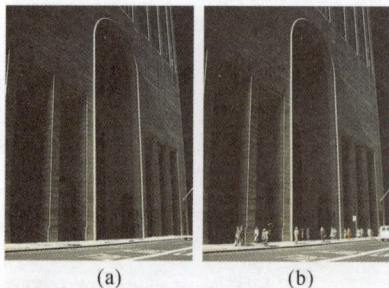

（a）　　　　　（b）

※ 图 3-23　通过人的有无来形成尺度感

6. 主从与重点

主从与重点是视觉特性在建筑中的反映。在单体建筑、群体建筑以及建筑内部都存在一定的主从关系，主要体现在：位置的主次、体型及形象上的差异。重点是指视线的停留中心，为了强调某一方面，常常选择其中的某一部分，运用一定的建筑手法，对一定的建筑构件进行比较细致的艺术加工，以构成趣味中心。

》》》1）建筑中主从关系的处理

（1）组织好空间序列，将主要空间安排在主要轴线上，如图 3-24（a）所示的中国传统建筑中轴对称，以中为尊的布局。

（2）由若干要素组合而成的整体，如果把作为主体的大体量要素置于中央突出的地位，而把其他要素置于从属地位，利用对比手法使主次之间相互衬托，突出主体，如图 3-24（b）所示的圣·洛伦佐教堂。

（a）中国传统建筑的中轴对称

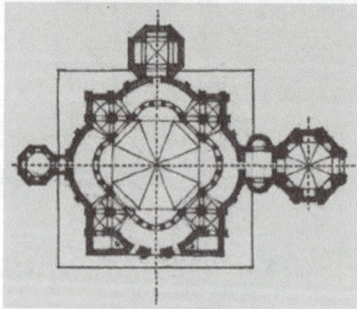

（b）圣·洛伦佐教堂

※ 图 3-24　建筑中主从关系的处理

2）建筑中重点的处理

（1）利用重点处理来突出表现建筑功能和空间的主要部分，如建筑的主入口、主要大厅和主要楼梯等，如图3-25（a）所示。

（2）利用重点处理来突出表现建筑构图的关键部分，如主要体量、体量的转折处及视线易于停留的焦点，如图3-25（b）所示。

（3）以重点处理来打破单调，加强变化来取得一定的装饰效果3-25（c）所示。

(b) 利用重点处理来突出表现体量的转折

(a) 重点处理建筑的主入口

(c) 以重点处理来打破单调

❋ 图3-25　建筑中重点的处理

任务4　建筑立面造型设计细部处理

1. 体形的转折和转角处理

体形的转折和转角通常的处理方式有以下三种。

（1）在转角地段，顺着自然地形做等高转折处理，如图3-26（a）所示。

（2）转角地段，以主副体相结合，建筑体形如图3-26（b）所示。

（3）以局部升高的塔楼为重点，组合体型如图3-26（c）所示。

(a)

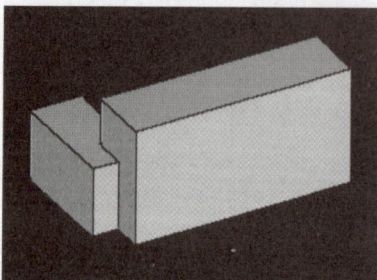

(b)

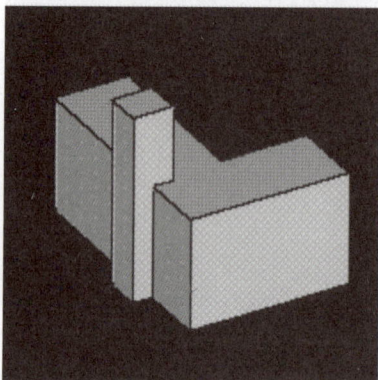

(c)

✳ 图 3-26 体形的转折和转角处理

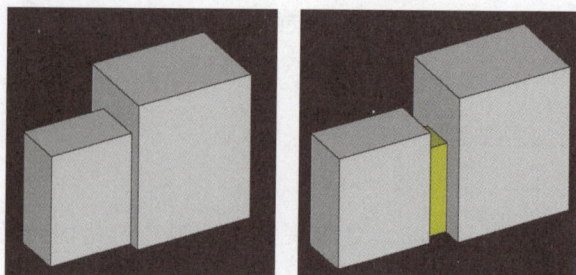

(a)   (b)

✳ 图 3-27 体形之间的联系和交接(一)

在处理体形之间的联系和交接时,需要注意以下问题。

(1)一个完整的、干净利落的组合,应该能被分解成若干个独立完整的几何体,如图 3-28(a)和图 3-28(b)所示的就是较好的组合。

(2)形体间要交接明确,避免含混,如图 3-28(c)和图 3-28(d)所示。

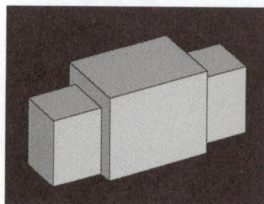
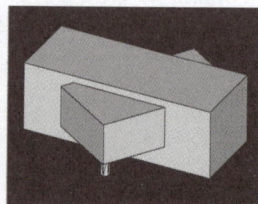

(a)   (b)

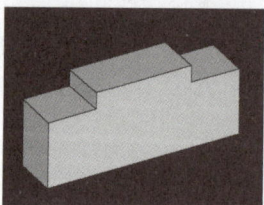
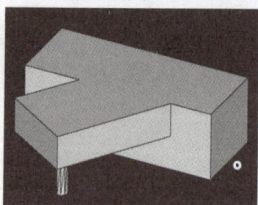

(c)   (d)

✳ 图 3-28 体形之间的联系和交接(二)

2. 体形之间的联系和交接

体形之间的联系和交接通常的处理方式有以下几种。

(1)直接交接:连接紧密,整体性强,如图 3-27(a)所示。

(2)通过过渡体衔接:连接自然,可以保持被连接体各自的独立完整的建筑造型,如图 3-27(b)所示。

3. 立面虚实关系的处理

立面的"虚"指的是立面上的空虚的部分,如玻璃、门窗洞口、门廊、空廊等,它们给人以不同程度的空透、开敞、轻盈的感觉。立面的"实"指的是立面上的实体部分,如墙面、屋面、栏板等,它们给人以不同程度的封闭、厚重、坚实的感觉。

虚实的常见处理手法如下。

（1）以虚为主或以实为主，强烈的虚实对比达到重点突出的效果，如图 3-29（a）所示。

（2）虚实交错布置。按一定的规律连续重复的虚实布置造成某种节奏和韵律效果，如图 3-29（b）所示。

（a）　　　　　　　　　（b）

❋ 图 3-29　立面虚实关系的处理

4.　立面凹凸关系的处理

立面上的凹进部分和凸出部分，大都是因为使用上、结构构造上的需要。立面上通过各种凹凸部分的处理可以丰富建筑的轮廓，加强光影变化，组织节奏韵律，突出重点，具有强烈的体积感，增加装饰趣味等，如图 3-30 所示。

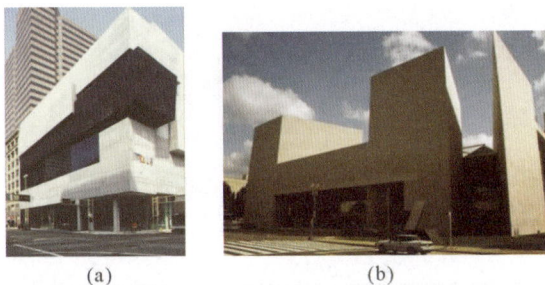

（a）　　　　　　　　　（b）

❋ 图 3-30　立面凹凸关系的处理

5.　立面线条的处理

立面上对线条的处理，如线条的粗、细、长、短、横、竖、曲、直、疏、密等，对建筑性格的表达、韵律的组织及比例的权衡具有重要的作用。线条处理的手法主要有以下几种。

1）以竖向线条为主

竖向线条的粗细，表达出建筑具有厚重的与轻巧的两种完全不同的性格，如图 3-31（a）和图 3-31（b）所示。粗犷有力的竖向线条，形成强烈的光影，使建筑富有生动性，如图 3-31（c）所示。竖向线条的疏密粗细变化，使立面呈现出一定的韵律感和节奏感，如图 3-31（d）所示。竖向线条的使用，使建筑具有强烈的上升感和挺拔感，如图 3-31（e）所示。

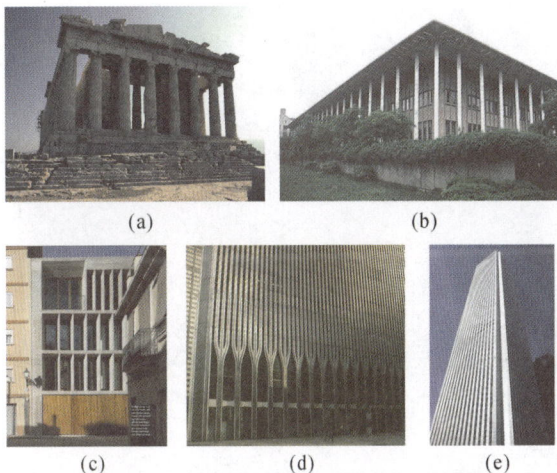

（a）　　　　　　　　　（b）

（c）　　　　（d）　　　　（e）

❋ 图 3-31　以竖向线条为主的建筑

2）以横向线条为主

横向线条给人以舒缓、平衡的感觉，在多层建筑设计中常采用，如图 3-32（a）所示。在以横向线条为主的设计中，穿插竖向线条，可使立面避免单调呆板，具有较活泼的效果，成为建筑造型的重要元素，如图 3-32（b）所示。

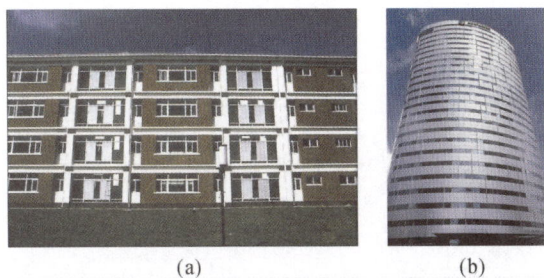

（a）　　　　　　　　　（b）

❋ 图 3-32　以横向线条为主的建筑

3）多种线条交错

在横向线条和竖向线条中加入折线和斜线，可以使整个建筑更富有变化，如图 3-33（a）所示。竖向线条和弧线、拱形的运用，使整个建筑更富有动态美，如图 3-33（b）所示。

（a）　　　　　　（b）

✳ 图 3-33　多种线条交错的建筑

任务 5　实训 3——建筑立面图绘制

本实训的任务是绘制萨伏伊别墅立面图。

教学目的　掌握立面图的绘制方法，能够分析萨伏伊别墅立面的造型设计，掌握墨线图的绘制方法。

教学任务　完成萨伏伊别墅东、南立面的绘制。

成果要求　① 图纸要求用 A3 绘图纸（420 mm×297 mm）；② 比例要求为 1∶100；③ 表现形式用墨线完成。

学习情境4

建筑剖面设计认知
JIANZHU POUMIAN SHEJI RENZHI

任务1 剖面的生成原理

用一个假想的平面作为剖切平面,在形体的适当部位剖切开,并移去剖切平面与观察者之间的部分,将剩余的部分投影到与剖切平面平行的投影面上,所得到的投影图为剖面图,简称剖面。剖面图由两部分组成:一部分是被剖切平面切到部分的投影,另一部分是沿投影方向未被切到但能看到部分的投影,如图4-1所示。剖面图用于表示房屋内部的结构或构造方式,如屋面(楼、地面)形式、分层情况、材料、做法、高度尺寸及各部位的联系等。

剖面图的数量是根据房屋的复杂情况和施工实际需要决定的。剖切面的位置,应选择在房屋内部构造比较复杂,有代表性的部位,如门窗洞口和楼梯间等位置,且应通过门窗洞口。剖面图的图名符号应与底层平面图上剖切符号相对应。

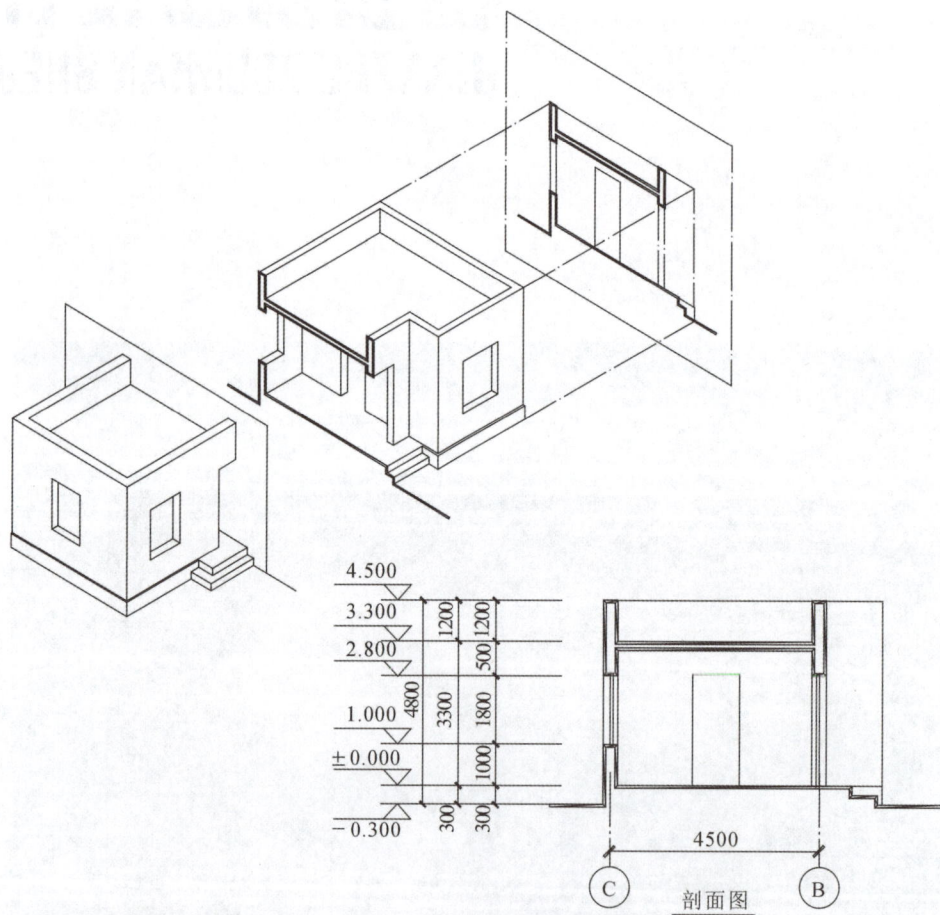

※ 图4-1 剖面图的形成

任务2 剖面的制图规范

1. 剖面图的图示内容

剖面图需要表达出以下内容。

（1）必要的定位轴线及轴线编号。

（2）剖切到的屋面、楼面、墙体、梁等的轮廓及材料做法。

（3）建筑物内部分层情况以及竖向、水平方向的分隔。

（4）即使没被剖切到,但在剖视方向可以看到建筑物构配件。

（5）屋顶的形式及排水坡度。

（6）标高及必须标注的局部尺寸。

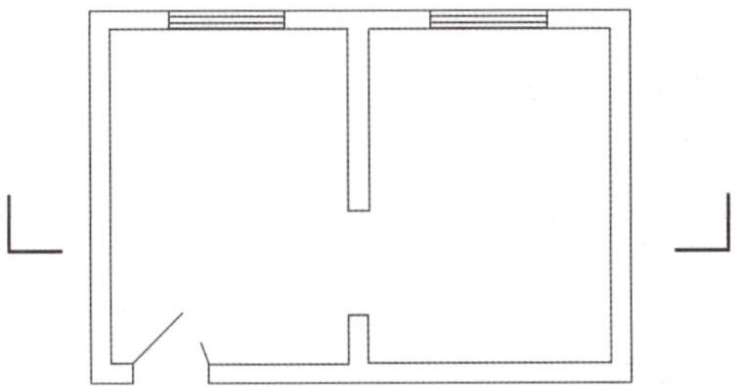

❋ **图 4-2　确定剖切位置**

（7）必要的文字注释。

2. 剖面图的绘制方法和步骤

剖面图的绘制方法和步骤如下。

（1）确定剖切位置,绘制剖切符号,如图 4-2 所示。剖切面最好贯通平面图的全宽或全长,剖切面不要穿过柱子和墙体,剖切位置线和剖视方向线都是短粗线。

（2）与平面图一一对应,绘制剖面图的定位轴线、轮廓线,包括地坪线、墙体轮廓线、楼面线和顶棚线,如图 4-3 所示。

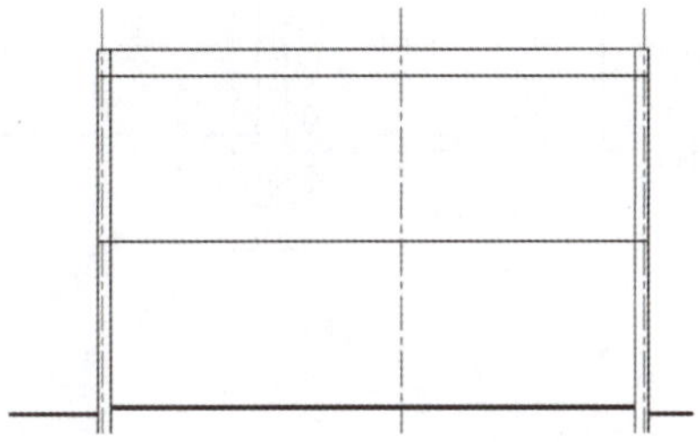

❋ **图 4-3　绘制剖面图的定位轴线和轮廓线**

（3）绘制柱、梁、楼板,如图 4-4 所示。

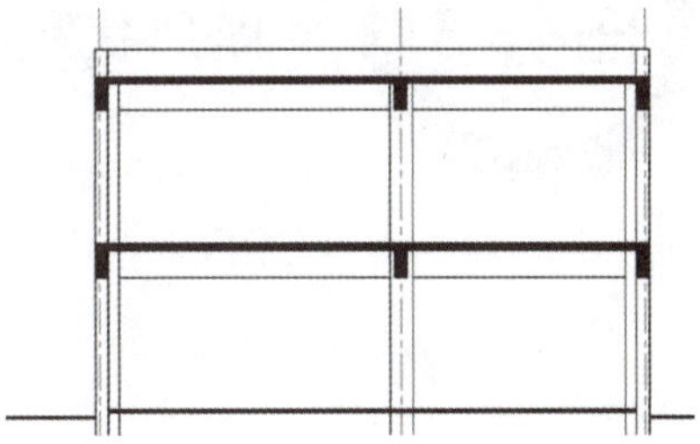

❋ **图 4-4　绘制梁、柱、楼板**

（4）绘制楼梯、门窗、屋顶及可见投影线,如图 4-5 所示。

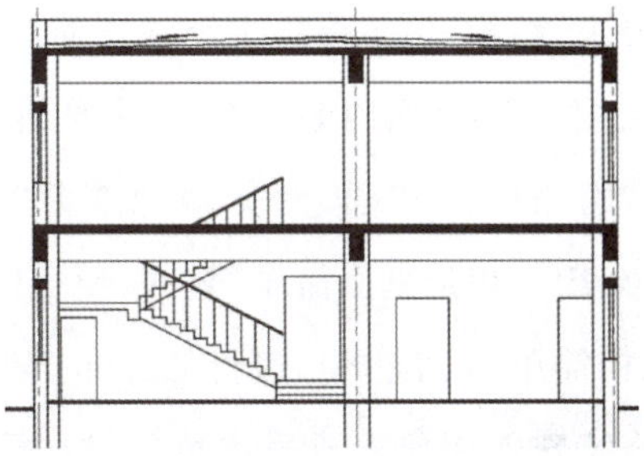

❋ **图 4-5　绘制楼梯、门窗、屋顶及可见投影线**

（5）文本标注和尺寸标注,如图 4-6 所示。

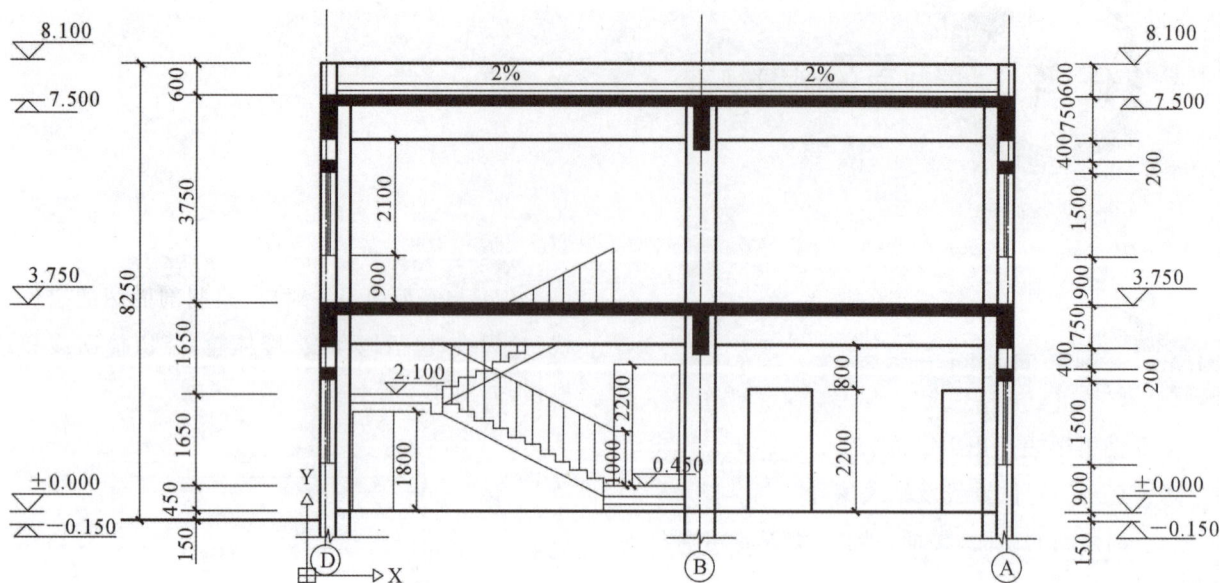

图 4-6　绘制文本标注和尺寸标注

任务 3　剖面形状和各部分高度确定

1. 剖面形状的影响因素

剖面形状取决于建筑的功能要求，建筑的采光和通风要求，结构、施工等技术经济方面的要求，景观环境的要求以及室内装饰的要求等诸多方面。剖面形状有矩形和非矩形两类，大多数民用建筑都采用矩形，因为矩形剖面简单、整齐，便于竖向空间组合，结构简单，施工方便，造价低。非矩形剖面用于一些有特殊使用要求或采用特殊结构形式的建筑，如影剧院的观众厅、体育馆的比赛大厅、教学楼的阶梯教室等，为满足一定的视线要求，其地面应有一定的坡度。

2. 建筑各部分高度的确定

1）层高与净高

层高——建筑物各层之间以楼、地面面层（完成面）计算的垂直距离，屋顶层由该层楼面面层（完成面）至平屋面的结构面层或至坡顶的结构面层与外墙外皮延长线的交点计算的垂直距离。其应符合《建筑模数协调标准》（GB/T 50002—2013），当层高不超过 4.20 m 时，应采用 1 M 数列；屋高超过 4.20 m 时，应采用 3 M 数列。

一般功能房间的层高为：住宅一般为 2.7～2.9 米；宿舍、办公室、旅馆客房一般为 2.8～3.3 米；学校教室一般为 3.6～3.9 米。

室内净高——从楼、地面面层（完成面）至吊顶或楼盖、屋盖底面之间的有效使用空间的垂直距离。屋高与净高如图 4-7 所示。

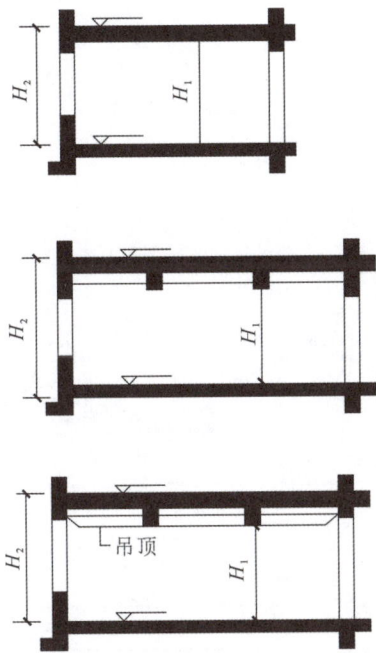

图 4-7 净高（H_1）与层高（H_2）

房间净高的影响因素具体如下。

（1）使用活动特点、家具设备配置等使用要求。根据人体活动基本尺度的要求，房间的最小净高为 2.2 m。

（2）采光、通风等环境卫生要求。侧窗上沿越高，光线的照射深度越远，因此，进深较大的房间，为避免室内远离窗口处的照度过低，应适当提高窗上沿的高度，即相应的房间净高也应加大。同时，为避免房间顶部出现暗角，窗上沿至顶棚底面的距离，应尽可能小一些。

（3）室内空间比例要求。面积大的房间宜相应高一些，面积小的房间可适当低一些。大而高的空间给人以庄严、宏伟的感觉；小而低的空间给人

以亲切、宁静的感觉；宽而低的空间给人以广延、开阔的感觉；窄而高的空间给人以向上、崇高、激昂的感觉。一般民用建筑的高宽以 1∶1～1∶3 为宜。

2）窗台高度

窗台的高度由房间的使用要求、人体尺度和家具设备高度来确定。一般要求有充足光线，方便人们工作、学习的房间，窗台高度介于桌面高度（780～800 mm）和人坐着的水平视线高度（1100～1200 mm）之间，通常为 900～1000 mm，如图 4-8（a）所示；托幼建筑考虑到小孩子的身高因素，一般要求小于等于 600 mm，如图 4-8（b）所示；有遮挡视线要求的房间，如浴室、厕所、卫生间等，一般为 1800 mm，如图 4-8（c）所示；展览馆为便于墙面布置展品，通常会提高到 2500 mm，如图 4-8（d）所示。

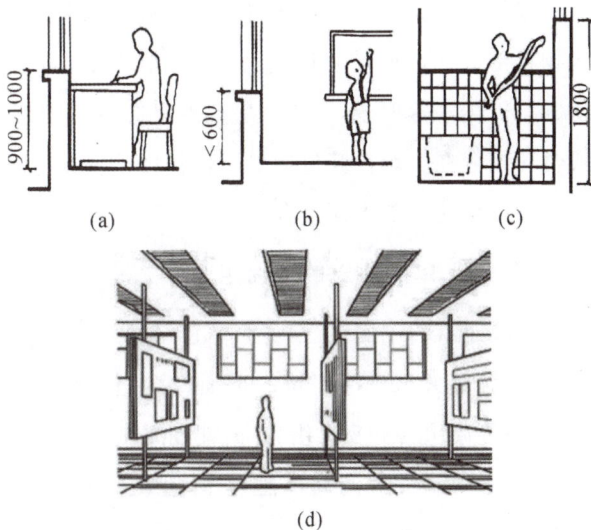

（a）　　　　　　（b）　　　　　　（c）

（d）

图 4-8　窗台高度

3）门的高度

门的高度是指门洞口的高度，门的净高是指门的通行高度，常等于门扇的高度。门顶不设亮子时，门的高度常采用 2.10 m 和 2.40 m；当门顶设亮子时，门的高度常采用 2.40 m 和 2.70 m。建筑物对外出入口的高度、高大室内空间的房门高度或

有高大设备出入的房间门高,可相应加大。

4)室内外地面高差

室内外高差的作用是为保证室内地面的干燥和防止雨水倒灌。考虑正常的使用、建筑物沉降、经济因素,室内外地面一般在 150～600(300～600)mm 之间。

纪念性建筑或建筑标准较高的公共建筑,常加大室内外地面高差(采用台基或较多的踏步处理),以增强建筑物庄重、宏伟的气氛。

任务4 建筑剖面组合和建筑空间利用

1. 建筑剖面组合

建筑剖面组合即在平面组合的基础上,根据建筑物各部分在竖向的功能使用关系,结合结构、设备、经济、美观等要求,将各个房间沿竖向按一定形式合理组合在一起。其包括单层建筑的剖面组合、多层和高层建筑的剖面组合。

1)单层建筑的剖面组合

单层建筑的剖面组合,多为体育馆、影剧院、食堂、展览馆等大型单层建筑的剖面组合,包括等高组合、不等高组合和夹层组合等,如图4-9。

● 等高组合:房间高度完全相同或房间高度相近。

● 不等高组合:各房间所需高度相差很大,等高处理造成浪费。

● 夹层组合:各房间所需高度相差很大,可将高度小的辅助房间毗邻在高度大的主要房间周围,采用多层布置,形成夹层。

2)多层和高层建筑的剖面组合

多层和高层建筑的剖面组合要遵循结构布置

(a)不等高组合

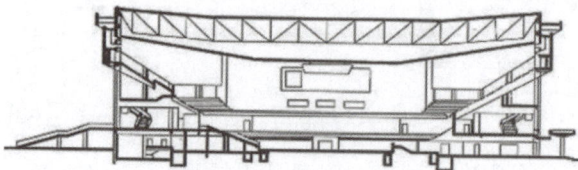

(b)夹层组合

❋ 图4-9 单层建筑的剖面组合

合理、有效利用空间、建筑体型美观的组合原则。一般情况下可以将使用性质近似、高度又相同的部分放在同一层内;空旷的大空间尽量设在建筑顶层,避免放在底层形成下柔上刚的结构或是放在中间层造成结构刚度的突变;利用楼梯等垂直交通枢纽或过厅、连廊等来连接不同层高或不同高度的建筑段落,既可以解决垂直的交通联系,又可以丰富建筑体形。

多层和高层建筑的剖面组合形式包括:叠加组合、错层组合和跃层组合等。

● 叠加组合：每层内各房间的高度相同，只有一个层高，各层之间的层高可以相同，也可以不同，各层的房间、横纵墙、楼梯间、卫生间等上下对应叠加的一种组合方式，见图4-10。该组合使用方便、结构处理简单，实际中采用较多。例如，住宅、旅馆、宿舍等多采用叠加组合。

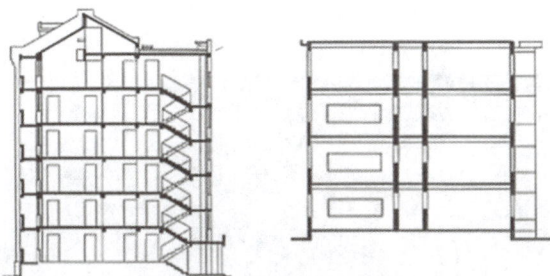

(a) 住宅叠加组合　　　(b) 教学楼叠加组合

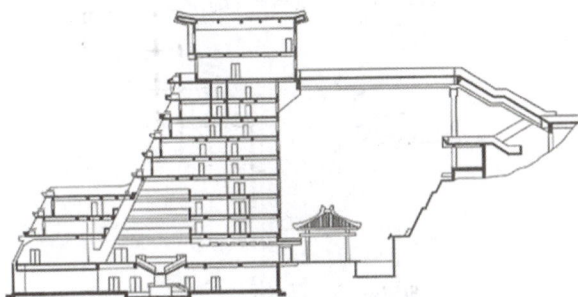

(c) 错位叠加组合

※ **图 4-10　叠加组合**

● 错层组合：建筑同层平面中几部分的层高不同，使楼地面形成高差，或由于地形变化，建筑物几部分之间的楼地面高低错开的一种组合形式，见图4-11。错层组合可明显地划分楼层空间和功能分区，合理组织室内空间，并使建筑较好地适应复杂的地形。常常利用踏步、楼梯、室外台阶等方式解决错层高差。

● 跃层组合：常用于住宅建筑中，见图4-12。其走廊每隔一至二层设置一条，每个住户可以有前后相通且带高差的一层，或是上下层相通的房间。同层的高差以踏步相接，上下层房间以住户内部的小楼梯相连。跃层组合可以节约公共交通面积，减

少各住户之间的干扰，而户内的小楼梯又增添了居住建筑的趣味，但建筑结构布置和施工趋于复杂，平均每户的建筑面积较大，居住标准较高。

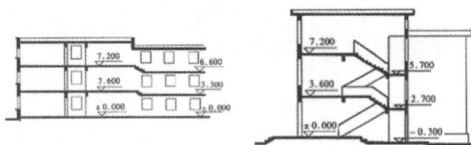

(a) 利用踏步解决错层高差　　(b) 利用楼梯解决错层高差

(c) 利用室外台阶解决错层高差

※ **图 4-11　错层组合**

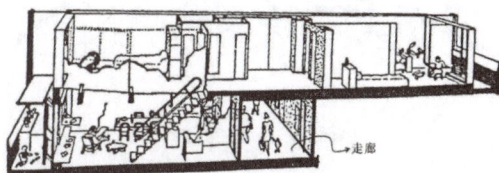

(a) 跃层组合空间示例

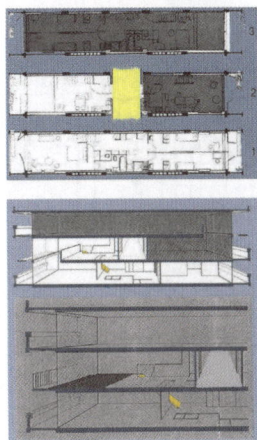

(b) 马赛公寓跃层组合　　(c) 集合住宅跃层组合

※ **图 4-12　跃层组合**

2.　建筑空间的利用

建筑空间的利用是指在建筑占地面积和平面

布局基本不变且不影响正常使用的条件下,充分利用建筑物内部的空间,来扩大使用面积。其作用是增加使用面积、改善室内空间比例、丰富室内空间效果。

常见的利用空间的方法如下。

(1)房屋上部空间的利用。如图4-13所示,利用卧室、厨房等室内的上部空间设置各种储藏设施。

(a)卧室上部空间的利用

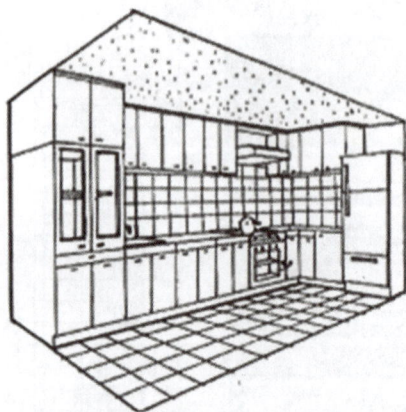

(b)厨房上部空间的利用

❉ 图4-13 房间上部空间的利用

(2)夹层空间的利用。如图4-14所示,利用阅览室的夹层做书库,以及体育馆观众席升起部分下面做出入口及休息厅等。

(3)结构空间的利用。如图4-15所示,当墙体

厚度较大时,将墙体加以处理,做储藏空间等。

(a)阅览室夹层空间利用

(b)体育馆夹层空间利用

❉ 图4-14 夹层空间的利用

(a)壁龛

(b)窗台柜

❉ 图4-15 结构空间的利用

(4)楼梯空间的利用。如图4-16所示,利用楼

梯下面的空间做储藏室或储藏柜。

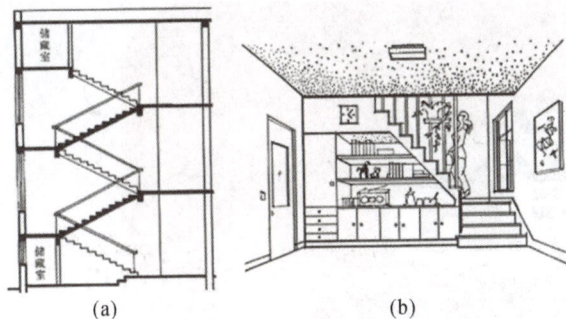

※ 图 4-16 楼梯空间的利用

（5）走道空间的利用。如图 4-17 所示，利用走道空间设置设备管线等，或利用走道上部空间做储藏设施。

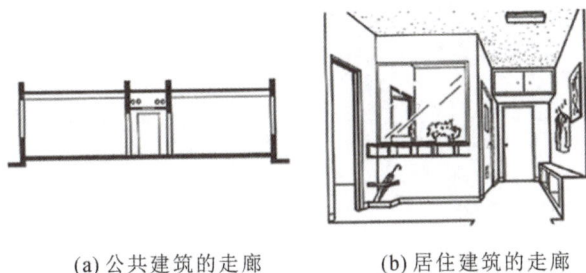

(a) 公共建筑的走廊   (b) 居住建筑的走廊

※ 图 4-17 走道空间的利用

（6）坡屋顶的利用，如图 4-18 所示。

※ 图 4-18 利用坡屋顶做阁楼

任务5 实训4——建筑剖面图绘制

本实训的任务是绘制萨伏伊别墅剖面图。

教学目的 掌握剖面图的绘制方法，能够分析萨伏伊别墅剖面的空间设计，掌握墨线图的绘制方法。

教学任务 完成萨伏伊别墅一个剖面图的绘制。

成果要求 ① 图纸要求用 A3 绘图纸（420 mm×297 mm）；② 比例要求为 1∶100；③ 表现形式用墨线来完成。

学习情境5

空间组织与秩序

KONGJIAN ZUZHI YU ZHIXU

任务 1 空间基本关系

空间的基本关系分为包容、邻接、连接和穿插四种，如图 5-17 所示。

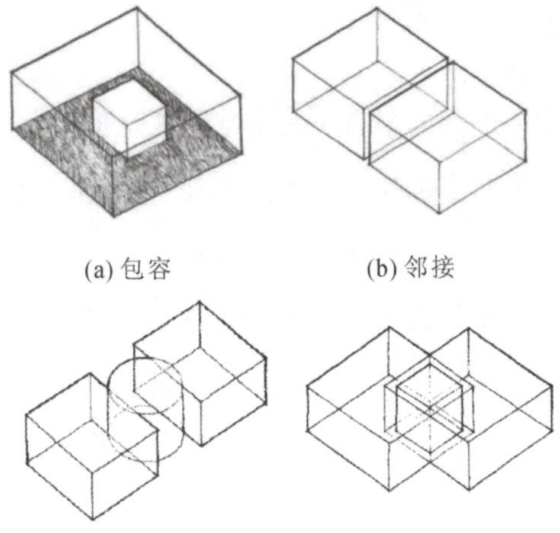

(a) 包容　　　　(b) 邻接

(c) 连接　　　　(d) 穿插

❋ 图 5-1　空间基本关系

1. 空间包容

一个大空间在其容积内包含一个小空间，外面的大空间的性质取决于被包含的小空间的形式，大空间为其中的小空间提供了一个外部环境，如图 5-2 所示。为了感知这种概念，二者之间的尺寸必须有明显的差别。为了使小空间具有较高的吸引力，其形式可以不同于大空间，以增强其独立体量的形象。这种形体对比会表明两个空间的功能不同，或者小空间具有重要的象征意义。小空间形式可以与大空间形式相同但方位不同，这样会在大空间内产生一系列充满动感的附属空间。

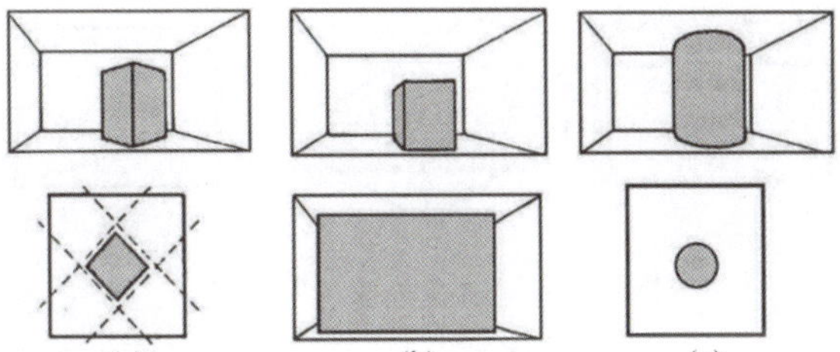

(a)　　　　(b)　　　　(c)

❋ 图 5-2　空间包容

2. 空间邻接

邻接是最常见的形式。两个相邻空间之间在视觉和空间上的联系程度，取决于它们之间的面的特点。

● 以实体墙面分割：各空间都具有独立性和完整性，分割面上开洞程度影响空间联系，见图 5-3(a)。

● 以独立面分割：作为一个独立面设置在单一空间容积中，两空间隔而不断，如图 5-3(b)。

● 以柱列分割：两空间具有高度的视觉连续性和空间连续性，通透程度与柱间距有关，见图 5-3(c)。

● 暗示分割：以顶面、地面或仅仅以表面材料及纹理、质感的对比来暗示，构成两个有区别而又相连续的空间，见图 5-3(d)。

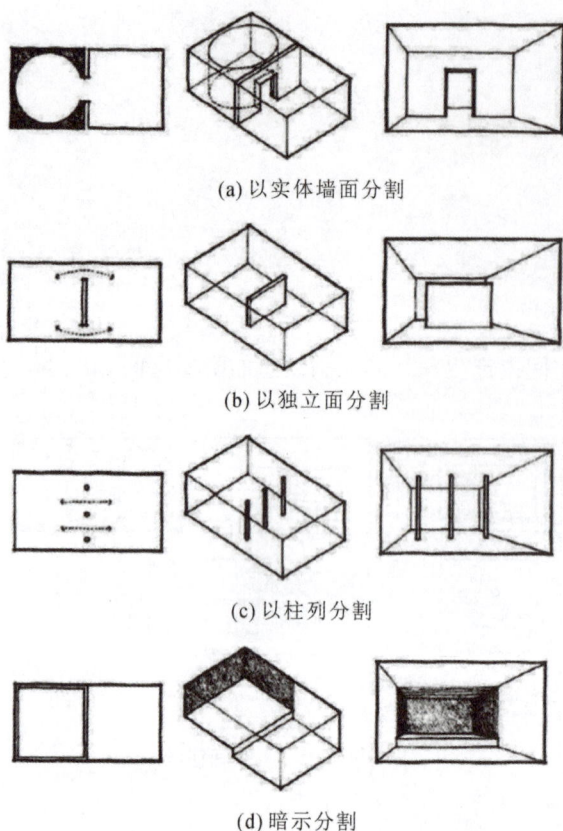

(a) 以实体墙面分割

(b) 以独立面分割

(c) 以柱列分割

(d) 暗示分割

※ 图 5-3　空间邻接

3. 空间连接

相隔一定距离的两个空间由第三个过渡空间来连接，两空间之间的视觉与空间联系取决于这个第三空间，如图 5-4 所示。

● 连接空间与它所联系的空间在形式、尺寸上完全相同，形成重复的线式空间序列。

● 连接空间与它所联系的空间在形式或尺寸上不同，从而强调过渡空间的性质。

● 连接空间大于它所联系的空间，成为主导空间，并且能够在它周围组织许多空间。

● 连接空间是相互联系的两空间之间的剩余空间，完全取决于两个关联空间的形式和方位。

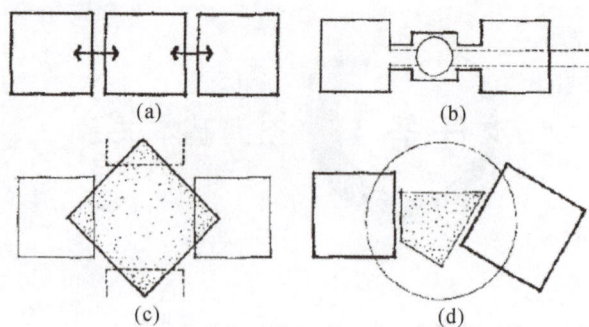

※ 图 5-4　空间连接

4. 空间穿插

穿插的空间来自于两个空间区域的重叠，并且出现一个共享的空间区域。对于两个穿插空间的最后形态可能会有如下三种方式。

（1）两个空间的穿插部分为各个空间平等共有，两个空间保持各自的形状，见图 5-5(a)。

（2）穿插部分与其中一个空间合并，成为其整个容积的一部分，另一空间则成为不完整的形体，见图 5-5(b)。

（3）穿插部分可以作为一个单独的空间并用来连接原来两个空间，见图 5-5(c)。

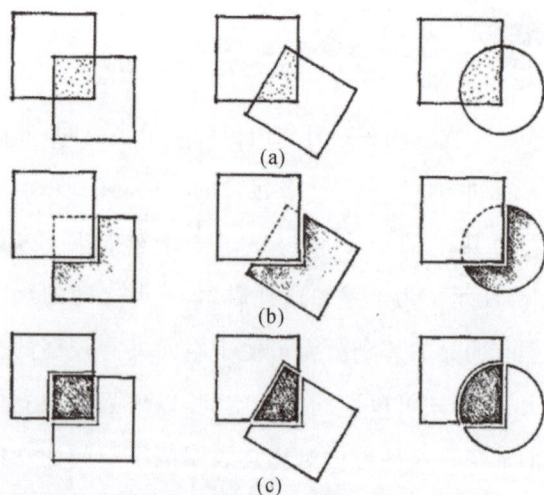

※ 图 5-5　空间穿插

任务 2 空间组合基本方式

　　若干独立的单元空间以某种方式组织在一起，形成一个连续、有序的有机整体称为空间组合。由于建筑功能的复杂性，在进行空间组合时所要考虑的因素和侧重点也各不相同，但总体上来说要遵循以下五条基本原则：① 功能分区合理；② 动线组织明确；③ 空间布局紧凑；④ 结构选型合理；⑤ 设备布置合理。

　　空间组合的实质是不同空间的排列和组合，每种排列和组合最终都表现为一种具体的构图形式。从构图和形式的角度来研究，多空间组合可以归结为六种基本形式，即集中式组合、线式组合、放射式组合、网格式组合、组团式组合和单元式组合等。

1. 集中式组合

　　集中式组合是由一定数量的次要空间围绕一个大的占主导地位的中心空间构成，是一种稳定的向心式的构图，适用于纪念性建筑、体育馆、影剧院等，如图5-6所示。

　　集中式组合具有以下空间属性。

　　● 居于中心地位的统帅空间一般是规则的形式，并且尺寸要足够大，以使众多次要空间组合在其周围。

　　● 次要空间的功能、形式、尺寸可以完全相同，

从而形成几何形式规整、关于两条或多条轴线对称的总体造型。

　　● 次要空间彼此也可以互不相同，以表达它们之间相对的重要性或对周围环境的不同反应。次要空间的差异，也可以使集中式组合的形式能够适应基地的环境条件。

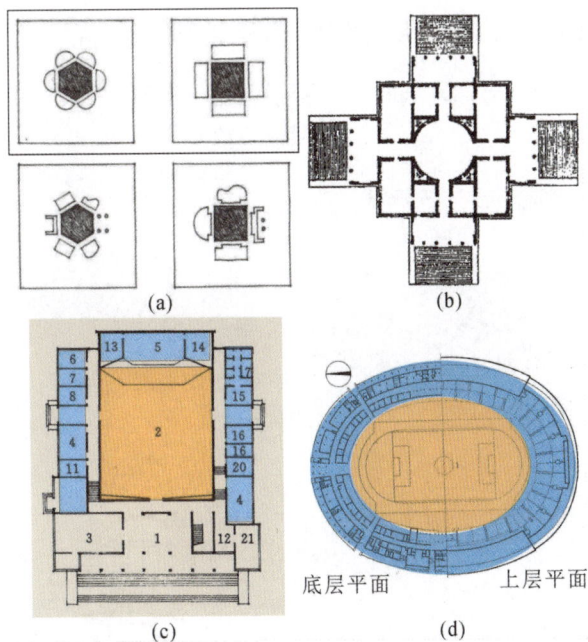

※ 图 5-6　集中式组合

2. 线式组合

　　线式组合是由若干单体空间按一定方向相连

接,其构成的空间系列具有明显的方向性,并具有运动、延伸、增长的趋势,如图5-7所示。

线式组合通常由尺寸、形式和功能都相同的空间重复出现来构成,也可将尺寸、形式或功能不同的空间用一个独立的线式空间沿其长度将这些空间组合起来。在线式组合中具有重要性的空间,可以沿着线式序列出现在任何一处,并且以尺寸和形式来表明它们的重要性。通常强调重要性的方法有:位于线式序列中心、位于线式序列终点、偏离线式组合以及在转折点上等。

线式组合的形式具有灵活性,且容易适应场地的各种条件。其可以采用直线、折线,也可以是弧线,也可以改变朝向以获得阳光和景观,也可以随着地形沿斜坡而上,还可以是垂直的。曲线或折线的串联构成可相互围合成室外空间。

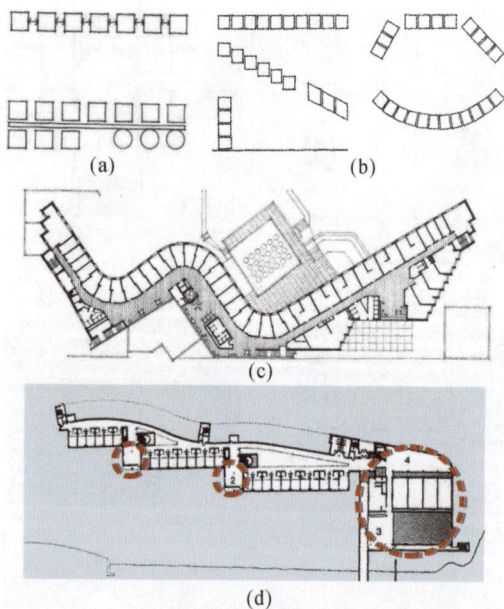

(a)　　　　(b)

(c)

(d)

✳ 图5-7　线式组合

3.　放射式组合

放射式组合由一个居于中心的主导空间和向外

呈放射状延伸的多个线式组合共同构成,如图5-8所示。其形式与集中式组合比较类似,但集中式组合是一个内向的图案,向内聚焦于中央空间;而放射式组合则是外向型的,向外伸展到环境中。

放射式组合的线式臂在长度、形式方面大体相同,保持整体组合的规则性,构成的空间具有稳定与均衡感。为了适应功能或地形的条件,线式臂的形状、长度、方位可互不相同,中央空间位于一侧。线式臂的长度、形式相同或不同,其方位相互垂直的向外延伸,可构成富有动势的旋转运动感,称为风车式放射组合。放射式组合中向外延伸的臂膀可以围合出多个不同性质的室外空间。

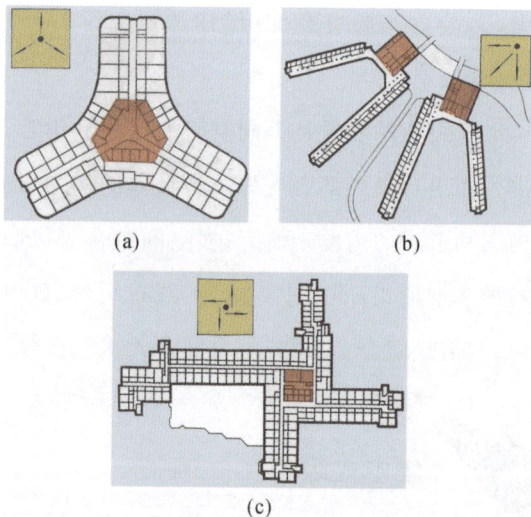

(a)　　　　(b)

(c)

✳ 图5-8　放射式组合

4.　网格式组合

网格式组合是将建筑的功能空间按照二维或三维的网格作为模数单元来进行组织和联系,如图5-9所示。在建筑设计中,这种网格一般是通过结构体系的梁、柱来建立的,由于网格具有重复的空间模数的特性,因而可以增加、削减或层叠,而网格的同一性保持不变。按照这种方式组合的空间具有规则性和连续性的特点，而且结构标准化，构件种类少，受力均匀，建筑空间的轮廓规整而又富于变化，组合容易，适应性强，故被各类建筑所广泛使用。

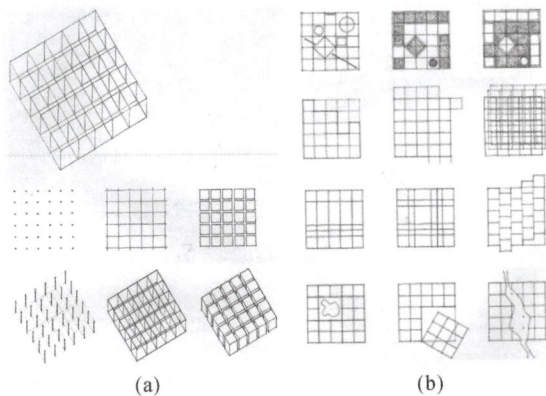

(a)   (b)

✳ 图5-9 网格式组合

5. 组团式组合

组团式组合是根据近似性、共同的视觉特性或共同的关系来组合空间，如图5-10所示。组团式组合的最大特点是空间集中、紧凑，易于保持安静和互不干扰。

组团内单元的划分主要有两种方式：一种采取将相同性质的主要使用房间分组布置，形成几种相同的使用单元，如幼儿园的活动单元、病房的护理单元等；另一种则是依据不同性质的使用部分组成不同的功能单元。

组团式组合有多种形式，如具有相同的形状组合、以轴线来组合、沿通道组合、围绕入口来组合、包容于一个空间内组合和向空间发展的组合等。

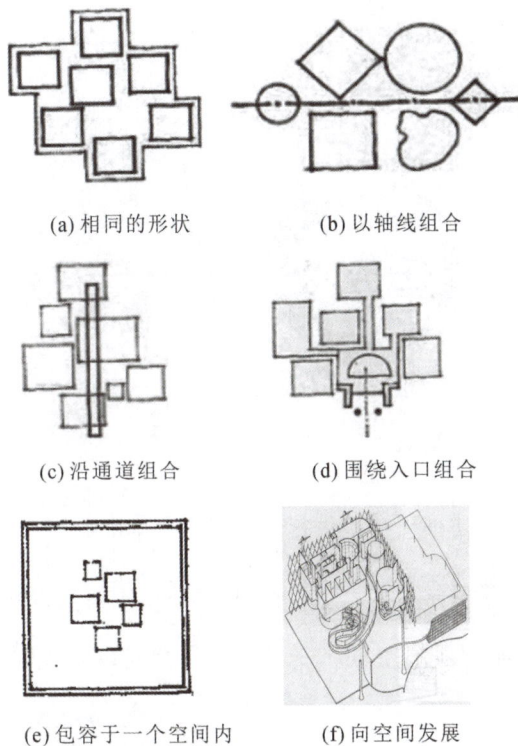

(a) 相同的形状   (b) 以轴线组合

(c) 沿通道组合   (d) 围绕入口组合

(e) 包容于一个空间内   (f) 向空间发展

✳ 图5-10 组团式组合

任务3 空间组合基本秩序

秩序，在《现代汉语词典》中的解释为"有条理、不混乱的情况"，从理论上来说是指事物或系统要素之间的相互联系，以及这些联系在时间、空间中的表现。空间秩序是把具有一定功能联系的各个空间看成母题单元，按功能要求和一定的美学规律进一步组合而形成的空间组合形式，见图 5-11。空间秩序的设计是建筑设计的必要因素。空间秩序的建立、空间秩序的组织反映了建筑自身的关系以及建筑与环境的关系。

空间组合的基本秩序包含轴线、均衡、等级、变换等多种形式和原则。

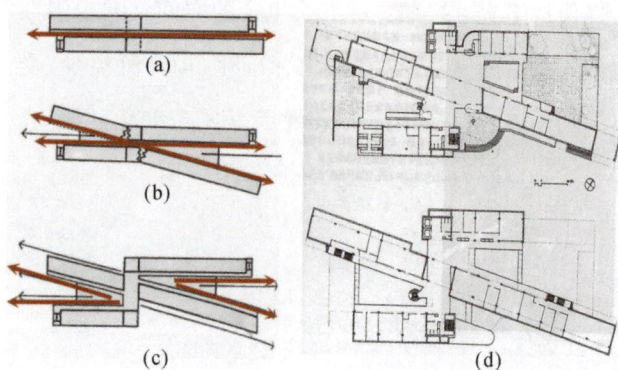

✳ **图 5-11 空间组合秩序**

任务 4 实训 5——建筑空间分析

本实训任务是进行萨伏伊别墅空间分析

教学目的 通过分析萨伏伊别墅的空间设计，深入理解空间的关系、组合方式以及空间的秩序。

教学任务 完成萨伏伊别墅的空间分析。

成果要求 ① 图纸要求用 A3 绘图纸（420 mm×297 mm）；② 表现形式用墨线表现。

模块 2

建筑设计表达
——小型建筑设计

学习情境6

建筑设计的内容、原则及程序

JIANZHU SHEJI DE NEIRONG YUANZE JI CHENGXU

任务1 建筑设计的内容

建筑设计是指建筑物在建造之前，设计者按照建设任务，把施工过程和使用过程中所存在的或可能发生的问题，事先作好通盘的设想，拟定好解决这些问题的办法、方案，用图纸和文件表达出来，作为备料、施工组织工作和各工种在制作、建造工作中互相配合协作的共同依据，便于整个工程得以在预定的投资限额范围内，按照周密考虑的预定方案，统一步调，顺利进行，并使建成的建筑物充分满足使用者和社会所期望的各种要求及用途。

建筑设计的内容包括建筑设计、结构设计和设备设计三个部分。

- 建筑设计：包括布局、造型、材料、防火、防水等（任务书）。

- 结构设计：包括结构造型、结构布置、结构受力等。

- 设备设计：包括给水排水、采暖通风空调、强电弱电等。

三者既有分工，又有密切配合，既有主导，又相互制约。

任务2 建筑设计的原则及依据

1. 建筑设计的原则

建筑设计应遵循以下原则：① 可持续原则，正确处理人、建筑和环境的相互关系；②尊重自然、保护自然；③ 以人为本；④ 节约资源；⑤ 符合城市规划要求，与周边环境相协调。

2. 建筑设计的依据

》》》》1）使用功能

人体尺度及人体活动所需的空间尺度是确定民用建筑内部各种空间尺度的主要依据。家具、设备及使用它们所需的必要空间是房间内部使用面积的重要依据。同时还要考虑人的知觉、感觉、行为、心理与空间环境的关系。

2）自然条件

既要考虑温度、湿度、日照、雨雪、风向、风速等气候条件，还要考虑地形、地质、地震烈度以及水文条件等。

3）技术要求

建筑设计要考虑材料供应及施工技术条件，以国家及地方的技术文件为设计依据，包括各种规范、规定、定额和标准等。

任务3 建筑设计的程序

建筑设计的程序首先是对任务书进行分析，然后再进行方案设计、初步设计（扩初设计）以及施工图设计。

设计任务书是业主对工程项目设计提出的要求，是工程设计的主要依据。进行可行性研究的工程项目，可以用已批准的可行性研究报告代替设计任务书。

建筑方案设计是依据设计任务书而编制的文件。它由设计说明书、设计图纸、投资估算、透视图等四个部分组成。一些大型或重要的建筑，根据工程的需要可加做建筑模型。

初步设计（扩初设计）是根据批准的可行性研究报告或设计任务书而编制的初步设计文件。通过经济、技术、美学方面的多方案比较，确定建筑空间、艺术造型的合理方案。初步设计文件由设计说明书（包括设计总说明和各专业的设计说明书）、设计图纸、主要设备及材料表和工程概算书等四部分

内容组成。

施工图设计是根据已批准的初步设计或设计方案而编制的可供进行施工和安装的设计文件。它是以技术设计为基础，为施工提供详图，主要研究构件的具体构造、连接和细部处理，并提供预算。

建筑设计的程序如图 6-1 所示。

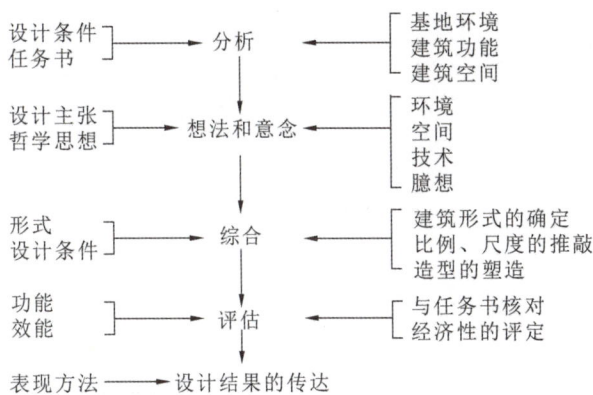

❋ 图 6-1 建筑设计的程序

任务 4 实训 6——优秀建筑设计交流

本实训的任务是进行优秀建筑设计交流。

教学目的 通过优秀建筑设计的资料的搜集和交流,使学生具备一定的建筑设计赏析能力。

教学任务 通过 PPT 演示、小组讨论等形式完成多个优秀建筑设计的赏析交流。

成果要求 每人搜集一个优秀建筑设计案例,并制作 PPT,课上汇报交流。

学习情境7

建筑设计之任务分析
JIANZHU SHEJI ZHI RENWU FENXI

小型建筑设计是建筑初步课程的一项重要内容,其目的是在建筑设计认知的基础上通过建筑设计表达了解建筑设计的基本方法、步骤,进一步掌握建筑设计的基础知识。

建筑设计的首要任务就是设计方案的任务分析,分析任务书、地形图,实地勘察地形,分析地形的环境条件。通过分析任务书和地形,了解业主需求,分析建筑的功能组织,分析地形的有利因素和不利因素,在设计中尽量发挥和利用有利因素,避免、削弱不利因素的影响。

在模块2中将以艺术家自用别墅设计为例进行分析和演示。

任务 1 业主分析

艺术家自用别墅设计任务中明确规定,该别墅的主人可以设想为画家、书法家、音乐家、舞蹈家、雕塑家或建筑师等,具体身份及职业由学生自己拟定(详见本学情境中所附任务书)。那么学生首先要做的就是明确业主的具体身份、职业、年龄、家庭结构以及兴趣爱好等。针对不同的身份会有不同的设计需求,如音乐家需要有练琴房,舞蹈家需要有练舞房,建筑师则需要有绘图室等。同时业主的性格爱好也会产生较具针对性的需求,喜欢安静,或喜欢热闹,喜欢独居还是好客等等,都会成为影响设计的因素。分析得越明确越详细,设计就会越有温度有特色。

任务 2 建筑功能分析

进行任何一项建筑设计,认真分析该建筑的功能要求及布局都是非常重要的。对于初学者来说,如果对要设计的建筑的功能掌握不够透彻,可以参阅《建筑设计资料集》。该资料集是开展建筑设计工作的重要参考资料,针对不同类型的建筑的设计要求及功能分析介绍得比较详细。

下面就具体介绍别墅设计的相关知识。

1. 别墅的定义和特点

别墅常指建在环境优美的地带、供人居住和休憩的独户住宅。别墅通常面积不大，一般由起居室、餐厅、厨房、书房、卧室、卫生间等几部分组成，能包括日常生活的基本内容，并具有一定的舒适性。别墅在中国最早出现于晋，在《晋书·谢安传》中记载：又于土山营墅，楼馆竹林甚盛。

中国古代著名的别墅有：晋代洛阳石崇的金溪别业、唐代蓝田王维的辋川别业、明代苏州的拙政园、清代杭州的金溪别业。国外，3世纪意大利山坡地带出现了台阶式住宅别墅。近代和现代建造的别墅，其设备日渐完善，著名的有赖特设计的流水别墅，勒·柯布西耶设计的萨伏伊别墅，密斯设计的范斯沃斯住宅等。现代建筑的发展过程中，随着社会生活内容的更新，别墅的形态和功能也不断变化完善。早期的别墅通常是大型的私人宅邸，而今天的别墅渐渐向小型化发展，内容小而全，讲究舒适方便，环境优美，特色突出，能反映居住者的个人风格和追求。

2. 别墅设计的难点和原则

一个好的别墅设计概括来说要做到：① 因地制宜，与自然景色的结合，与周围环境协调；② 功能组织合理，布局灵活自由，空间层次丰富；③ 体形优美，尺度亲切，具有良好的室内外空间关系。

许多初学设计的人，常常会走两个极端。有些人盲目抄袭各种流派的设计手法，而忽视建筑设计的基本原则，或是把自己喜爱的一切都搬入自己的作品，造成建筑形象和空间混乱；而另一些人又过于拘谨，设计作品的形象呆板，空间单一，不能反映别墅建筑的设计特点。

建筑设计必须做到实用、经济、美观，别墅设计也不例外。所谓实用，就是别墅设计必须满足基本的功能要求，只有功能合理，才能够为使用者提供有效而方便的使用空间。所谓经济，是指建筑作品不故弄玄虚，不盲目追求华而不实的形式。所谓美观，则要求所设计的别墅满足人们基本的审美要求，不求新奇、怪诞。作为初学建筑设计的人，牢记这一原则，时时把握自己的设计方向是非常必要的。

3. 别墅设计的功能分析

一般认为，别墅是功能相对比较简单的一种建筑类型，通常只要具备家庭生活所需的功能，如起居、就寝等，以及相应的辅助空间即可。对于功能最基本的别墅，可能仅包括起居室、餐厅、厨房、卫生间、卧室以及必要的储藏空间。而功能相对复杂的别墅，可以把居住者的生活细致分解，在别墅的不同空间中满足不同的使用功能。

一般别墅的空间按主要功能的不同可以基本分成四类，即起居空间、卧室空间、交通空间和辅助空间。这四类中，每一类都是一个功能元素簇，统领着某些使用功能。起居空间是居住者日常生活的空间，空间气氛比较活跃；卧室空间是居住者的休息空间，需要保持安静、私密的气氛；辅助空间主要包括别墅所必需的服务设施；而交通空间把以上三者联结成为一个有机的整体。

将具有直接联系的一些相互依存的功能空间组成功能串，会更有利于进行功能分析。例如，餐厅、厨房功能串，在餐厅与厨房必须直接相连的同时，厨房所附属的储藏室、餐具室（对大型别墅有时还附带厨师专用的卧室）也必须直接与厨房相联系。又如主卧室功能串，主卧室通常与主更衣室、主浴室直接相连，三者成为可以相互串联的有机整体。另外，车库通常也与洗衣房及工具间相邻布局，成为一个比较常见的功能串。

对于初学建筑设计的人，结合使用功能和室内空间动线绘制一个功能分析图，是清晰把握功能需求和空间布局的有效手段。在图中将各个使用功能分类后以表示使用者动线的线段联系起来，形成完整的功能分析图，从而可以整理出别墅布局和空间组织以及各个功能之间的组合关系。别墅设计的功能分析气泡图如图7-1所示。

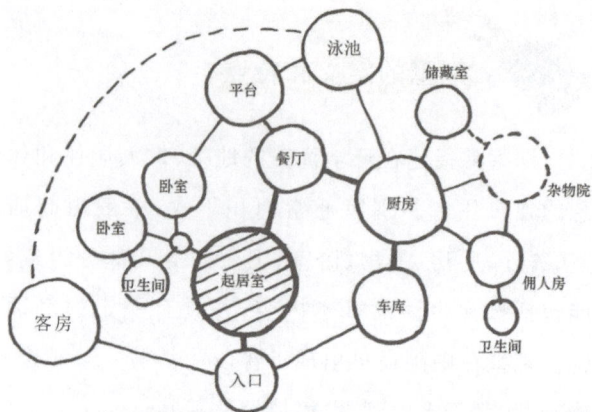

图7-1 别墅功能气泡图

任务3 场地分析

选择合适的地形，并进行场地分析是展开方案设计的主要工作内容之一。场地分析为整个方案设计明确了指导思想和目标，确立了基本思路，为方案设计提供基本框架，协调建筑与环境的关系，场地分析决定了整个设计的方向，关系到设计的成败。

场地分析包括以下主要内容。

（1）分析场地的大小和形状，确定建筑的基本布局和形态。建筑的布局基本包括集中式、分散式和二者结合的混合式。首先根据用地尺寸，计算用地面积，再根据任务书中的建筑面积和层数，估算建筑基底面积，分析建筑与场地形成的图底关系，当图底比接较大时可考虑集中式，当图底比较小时则三种形式均可。建筑物分散布置可以形成较丰富的户外空间，建筑物基底面积占用地面积较少时，可以留出更多的缓冲空间和弹性空间，地形的形状也会影响建筑的形状，见图7-2。

（2）分析场地本身及四周的设计条件，研究环境制约条件及可利用因素。分析场地指北针、道路、景观以及其他限制因素，确定最佳朝向、最不利朝向、最佳景观朝向、最不良景观朝向、主次出入口等。

（3）根据建筑的性质、特点，明确场地的各项使用功能，处理好场地构成要素之间及其与周围环境之间的关系，进行建筑布局、交通组织和绿地配置等。

图7-3所示为一个食品亭的场地分析案例。

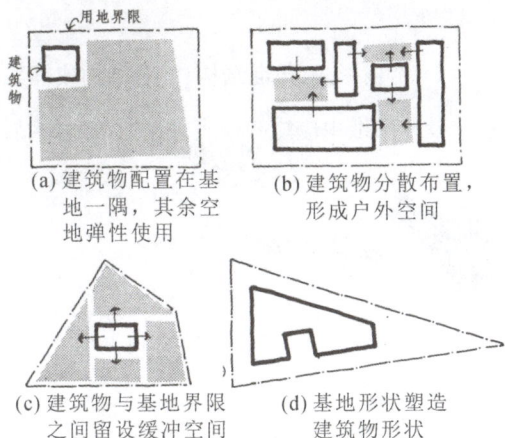

(a) 建筑物配置在基地一隅,其余空地弹性使用

(b) 建筑物分散布置,形成户外空间

(c) 建筑物与基地界限之间留设缓冲空间

(d) 基地形状塑造建筑物形状

※ 图 7-2　建筑与场地的关系

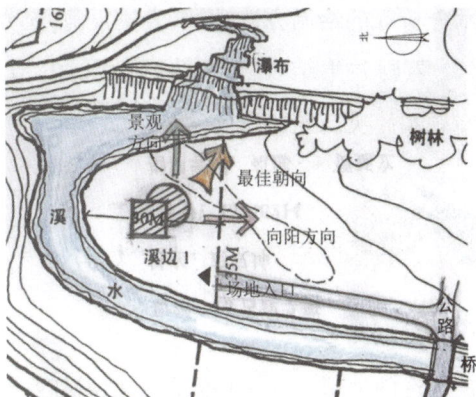

※ 图 7-3　食品亭场地分析

任务 4　实训 7——艺术家自用别墅设计任务分析

本实训的任务是进行艺术家自用别墅设计任务分析。

教学目的　通过分析艺术家自用别墅设计任务书,了解业主需求、别墅功能组织,并选择设计地形,通过任务书分析,明确设计的目的、内容及成果要求。

教学任务　完成艺术家自用别墅业主分析、功能分析和地形分析。

成果要求　① 图纸要求用 A3 绘图纸(420 mm×297 mm)或硫酸纸一张;② 表现形式用墨线、铅笔表现均可。

任务 5　艺术家自用别墅设计任务书

1.　教学目的

(1) 熟悉建筑设计各阶段的基本工作方法,建立气泡图、基地分析、功能分区、流线组织及初步的结构体系等概念,培养学生空间思维的能力,并通过建筑语言来表达建筑个性。

(2) 使学生初步掌握建筑的平面、立面、剖面及图示分析等的绘制方法,图纸表达正确、充分。

(3)鼓励学生结合实际,发现问题,并锻炼其分析问题和解决问题的能力。

2. 设计内容

1.项目概况

在自选的地形上建一栋艺术家自用别墅,该别墅的主人可以设想其为画家、书法家、音乐家、舞蹈家、雕塑家或建筑师等,具体身份及职业由学生自己拟定。建筑必须与基地的周围环境协调,在空间及造型上的处理应能体现出使用者的职业特点。

2.设计要求

(1)小住宅组成及面积分配:

起居室:20~30平方米;

工作间:15~20平方米;

主卧室:20平方米;

工人房:8~10平方米;

小卧室:15×2平方米$=30$平方米

车库:20~24平方米;

餐厅:10~12平方米;

洗衣、卫生间:12~15平方米(2套);

厨房:8~10平方米;

总建筑面积:250平方米。

> **小提示**
>
> 在以上要求各项以外可适当考虑门厅及走廊以及储藏和交通部分的建筑面积。学生也可根据使用功能的特性,灵活掌握各部分面积的比例关系。

(2)结构形式:砖混结构、混合结构或框架结构均可;在设计图纸中应能明确表现出所采用的结构形式。

3. 成果要求

(1)图纸尺寸:A2(594 mm×420 mm)图纸一张。

(2)绘图及比例要求:各层平面图、立面图(2份)、剖面图(1份),比例1:100;总平面图1:500;室外透视图。

(3)设计模型:设计成果模型照片不少于2张,裱贴于图纸上,模型采用手工制作或计算机制作均可。

(4)表现形式:不限,鼓励采用铅笔淡彩或钢笔淡彩。

> **小提示**
>
> 平面图中需标注出轴线尺寸;剖面图中需标注出标高;主要房间需布置家具;成果需排版表现,尽量美观。详细要求参见制图标准。

4. 地形

以下有六个地形,分别为山地1、山地2、溪边1、溪边2、海滨1和海滨2,从中任选一个展开设计,见图7-4。

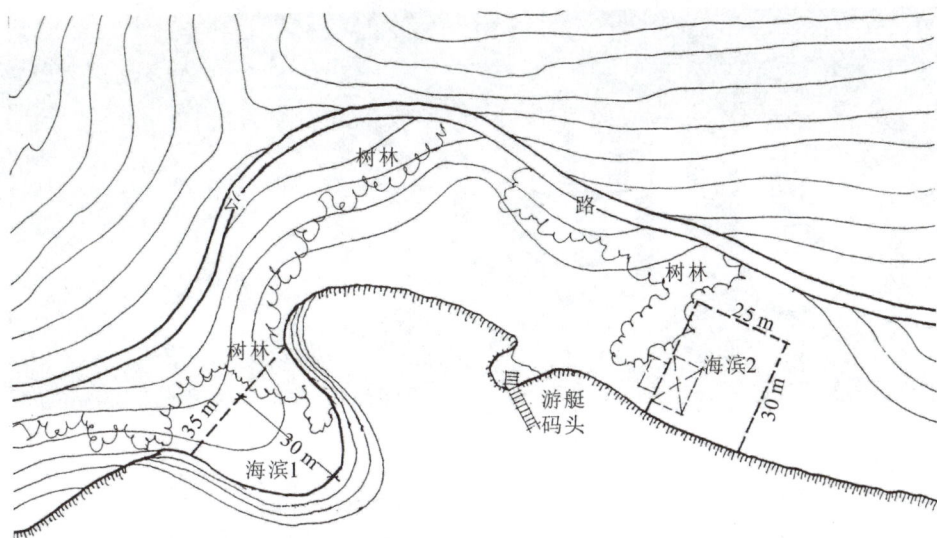

(a) 海滨别墅设计地段 1:1000(等高线高差1 m)

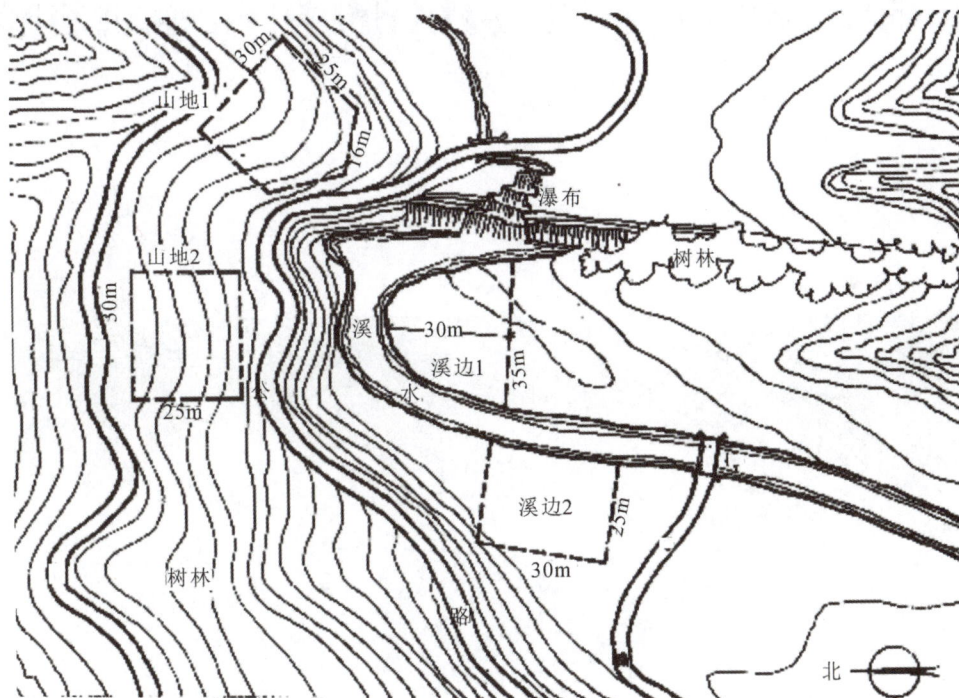

(b) 山地别墅、溪边别墅设计地段 1:1000(等高线高差1 m)

✳ 图7-4 别墅设计地段

学习情境8

建筑设计之设计构思与方案优选

JIANZHU SHEJI ZHI SHEJI GOUSI YU FANGAN YOUXUAN

任务 1 设计构思

1. 设计立意

在完成任务分析之后，就要开始进行设计构思，设计构思最重要的就是要确定设计的立意（idea），设计立意可以有多种切入点。例如，流水别墅的立意就是要回归自然，与自然对话，与环境的完美结合；朗香教堂的立意是结合教堂的精神需求，力争创造神圣感与神秘感；卢浮宫扩建工程的立意则是充分的尊重历史，保持历史建筑原有形象的完整性与独立性，将扩建部分全部放在地下，采用最为虚化的玻璃作为入口；著名的悉尼歌剧院是从环境特点进行方案构思，以富有特点的环境因素（如贝壳、风帆）作为方案构思切入点；古根汉姆博物馆是从功能流线入手进行方案构思，设计师赖特认为人们沿着螺旋形坡道走动时，周围的空间才是连续的、渐变的，而不是片断的、折叠的，因此他将建筑物设计为外部向上、向外螺旋上升，做成螺旋状。具体设计实例见图 8-1。

(b) 朗香教堂

(c) 卢浮宫扩建工程

(d) 悉尼歌剧院

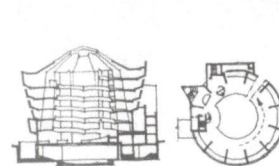
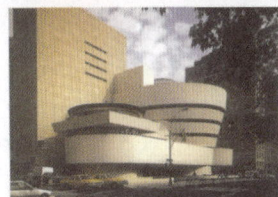
(e) 古根汉姆博物馆

✳ 图 8-1 设计立意的实例

(a) 流水别墅

2. 立意转化

在确定立意之后，就要将较为抽象的立意，用具象的图形表达出来，绘制立意草图，实现建筑语言的转化。在转化的过程中,需要具有一定的图形变化能力,结合立意和地形确定设计的基本型,通常基本型应尽量简单、统一,再通过穿插、平移、转角、重复与渐变等变换手法对基本型进行变化,得到较为复杂多样的符合立意的几何图形。

慕达建筑(MUDA-Architects)获得以"成都最美书店"为名的"兴隆湖书店建筑创意设计竞赛"一等奖,唯美的设计立意是使该方案脱颖而出的重要因素。设计以动画的形式展现了一个"一本天上掉落的书"的故事,建筑外形取义于"书",转化为一角

抬高的建筑形式,形成了具有精神象征意义的屋顶,曲面与湖面,构成恰到好处的呼应。如图 8-2 所示为该方案由立意到建筑的转化过程。

为了更好地进行立意的转化,我们需要掌握常用的建筑物平面和立面立意转化的方法,以下图片中展示的就是常见的平面和立面的立意转化图示。

建筑物在平面上的立意转化,如图 8-3 所示。

建筑物在立面上的立意转化,如图 8-4 所示。

建筑物与地形的立意转化,如图 8-5 所示。

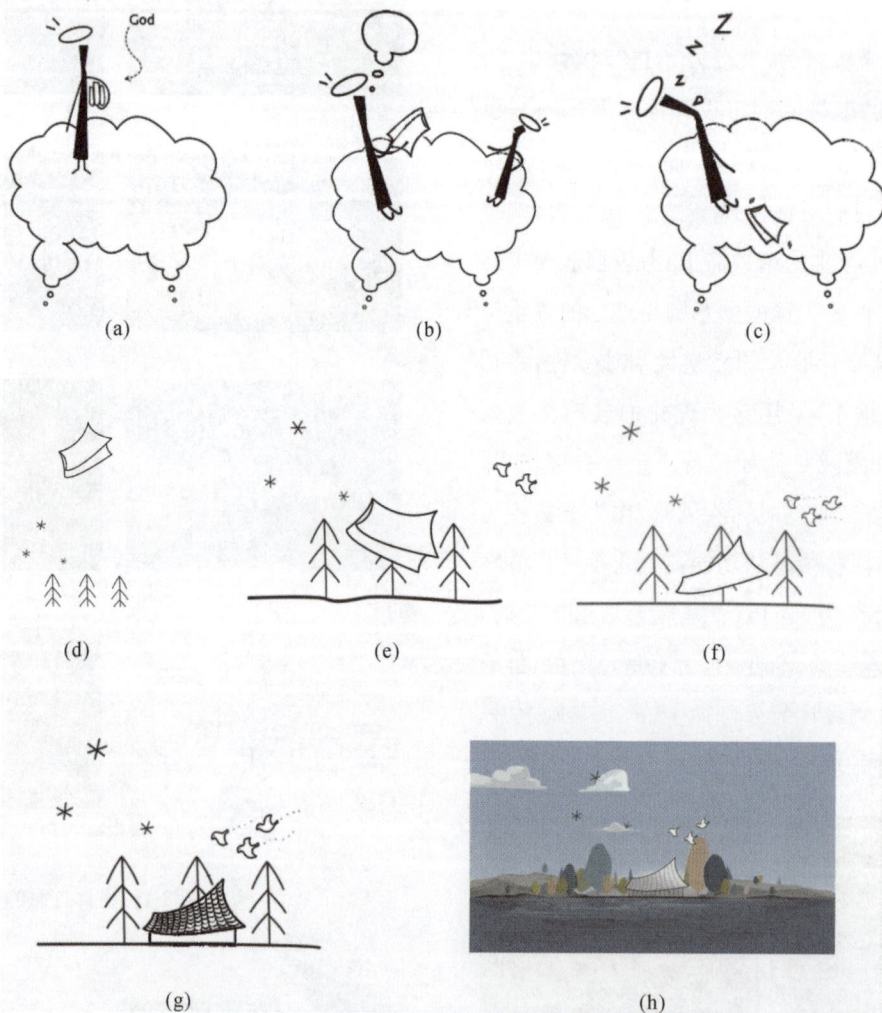

图 8-2　兴隆湖书店建筑创意设计竞赛一等奖方案的立意转化

※ 图 8-3　建筑物在平面上的立意转化

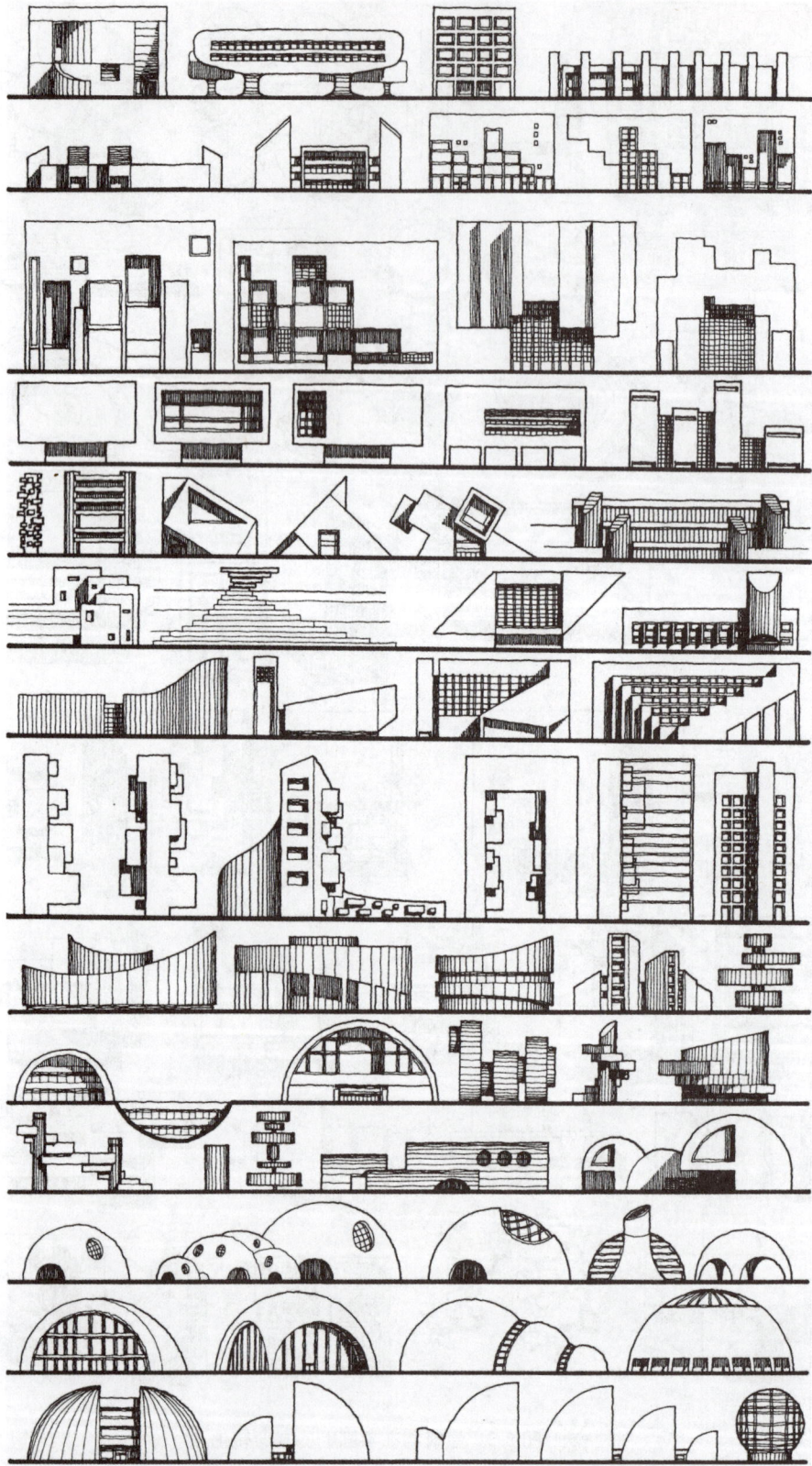

图 8-4　建筑物在立面上的立意转化

基地内有小土丘,利用掘削、填土使基地平整

基地内有洼地,填土使基地平整

利用掘削、堆积方式,以造成新地景

利用掘削、堆积方式整地,产生平台

建筑物沿着等高线排列

建筑物排列与等高线斜交

建筑物独立于基地上

建筑物与基地整体配合

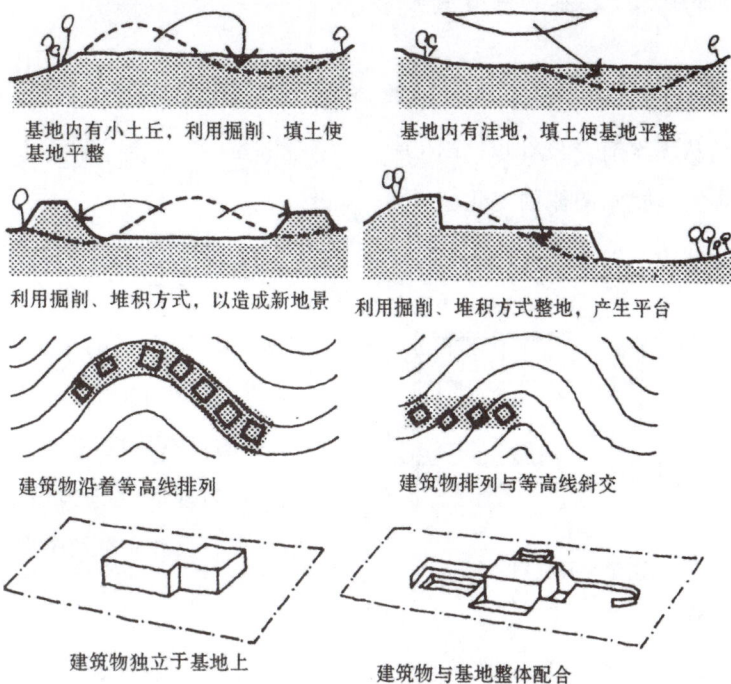

建筑物与地形的关系:

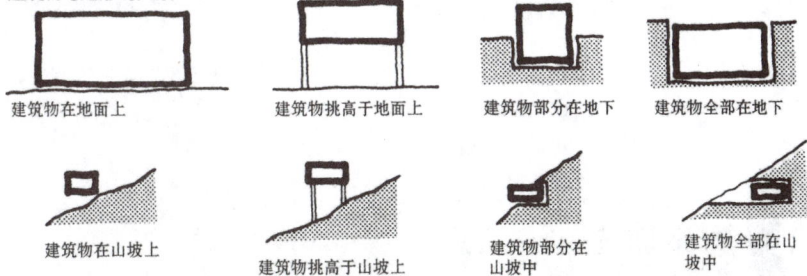

建筑物在地面上

建筑物挑高于地面上

建筑物部分在地下

建筑物全部在地下

建筑物在山坡上

建筑物挑高于山坡上

建筑物部分在山坡中

建筑物全部在山坡中

建筑物位置的选择:

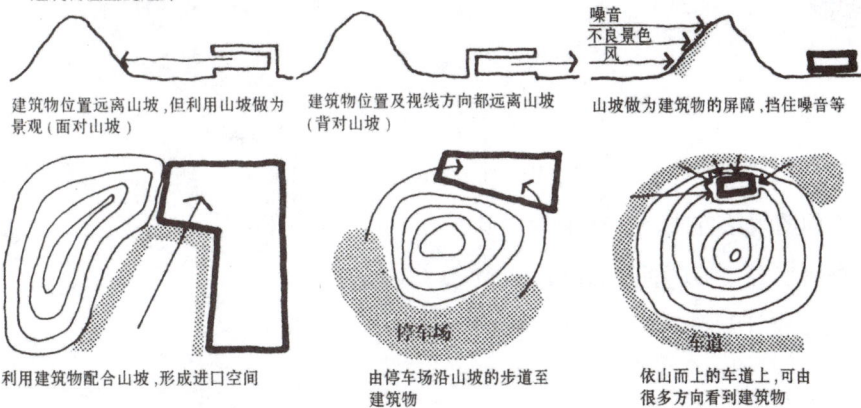

建筑物位置远离山坡,但利用山坡做为景观(面对山坡)

建筑物位置及视线方向都远离山坡(背对山坡)

噪音
不良景色
风
山坡做为建筑物的屏障,挡住噪音等

利用建筑物配合山坡,形成进口空间

停车场
由停车场沿山坡的步道至建筑物

车道
依山而上的车道上,可由很多方向看到建筑物

图 8-5　建筑物与地形的立意转化

下面是几个学生作品中关于艺术家自用别墅设计的立意及其转化。

（1）立意一：ZERO 的猜想。

设计就是从零开始，从无至有。设计以 ZERO 的平面形式展开，通过虚实、动静、韵律的变化实现空间的多样性和层次性，如图 8-6 所示。

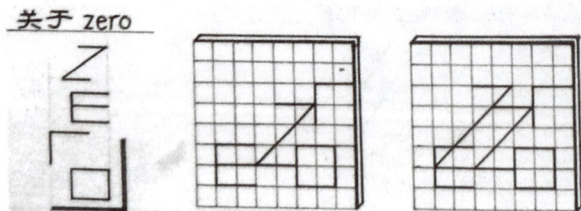

图 8-6　ZERO 的猜想平面立意

（2）立意二：规矩方圆。

别墅位于弧形的溪水边，并有瀑布等景观，设计采用方和圆的组合，"圆"可以 360°观景，"方"可以进行简单的分割变形，与圆结合，形成活泼与严谨的碰撞和秩序，如图 8-7 所示。

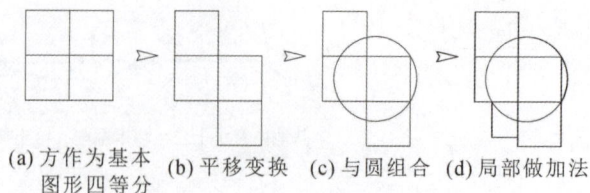

(a) 方作为基本　(b) 平移变换　(c) 与圆组合　(d) 局部做加法
图形四等分

图 8-7　规矩方圆的基本形转化

（3）立意三：自由的鱼。

别墅位于弧形的溪边，为画家设计，以鱼为外形，点缀在自然中，给人一种心灵的自然回归感。安静、优美的自然环境，给画家带来无限灵感，以活泼可爱的鱼为外形，希望画家的思维穿梭在大自然中自由自在。设计立意及图形演变过程如图 8-8 所示。

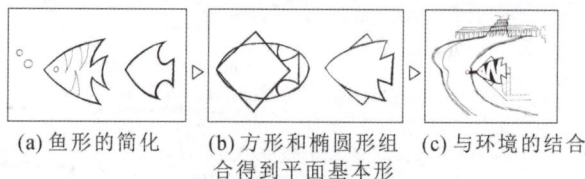

(a) 鱼形的简化　(b) 方形和椭圆形组　(c) 与环境的结合
合得到平面基本形

图 8-8　自由的鱼设计的立意及转化

任务 2　方案优选

同一个设计任务，可以有多个立意，且同一个立意，也会有多种不同的表达方式。在初期构思阶段，应尽可能多的提出方案，多方案进行比较分析，发现矛盾与问题，补足设计缺陷，得到最优的设计方案。

书韵别墅是为书法家设计的，平面形根据中国风书韵演变而成，在进行图形抽象的时候提出了三种方案，如图 8-9 所示。

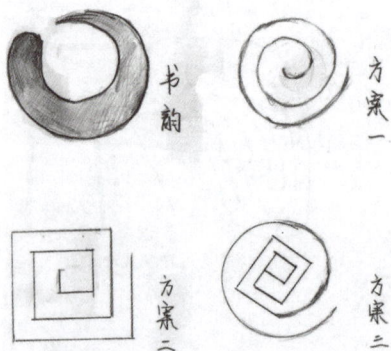

图 8-9　书韵别墅立意转化方案

任务3 实训8——艺术家自用别墅设计方案构思

本实训的任务为艺术家自用别墅设计方案构思。

教学目的 了解方案构思的方法,能够结合任务书完成艺术家自用别墅设计方案构思。

教学任务 完成三个艺术家自用别墅设计

方案构思,并比较优选。

成果要求 ① 图纸要求用 A3 绘图纸(420 mm×297 mm)或硫酸纸一张;② 表现形式用墨线、铅笔表现均可。

学习情境9

建筑设计之调整发展与深入细化

JIANZHU SHEJI ZHI TIAOZHENG FAZHAN YU SHENRU XIHUA

确定了方案构思,接下来就开始进行方案的调整与深入,通过多次草图的修改完善得到最终的设计方案。

任务1 设计一草

设计一草即第一个草图阶段,主要处理单体建筑与环境的关系,需要完成以下任务:

① 选择建筑出入口的位置;② 建筑物朝向的选定;③ 建筑物的分区布局(按空间不同性质);④ 造型特点的考虑。

一草绘制的第一步是在已有的平面基本形中划分功能分区,房间可以用圈表示,圈的大小比例表示面积的大小关系。图9-1所示的是规矩方圆别墅设计的一草功能分区示意图。

一草绘制的第二步是将已有的功能分区示意图进行简单的单线房间布置,并给出合适的尺寸。图9-2所示的是规矩方圆别墅设计单线房间布置图。

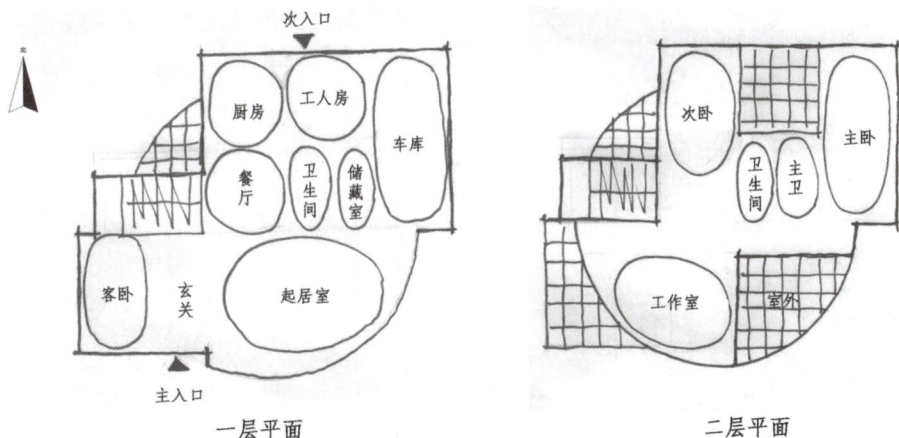

次入口

厨房　工人房　车库

餐厅　卫生间　储藏室

客卧　玄关　起居室

主入口

一层平面

次卧　主卧

卫生间　主卫

工作室　室外

二层平面

✳ 图9-1　功能分区一草示意图

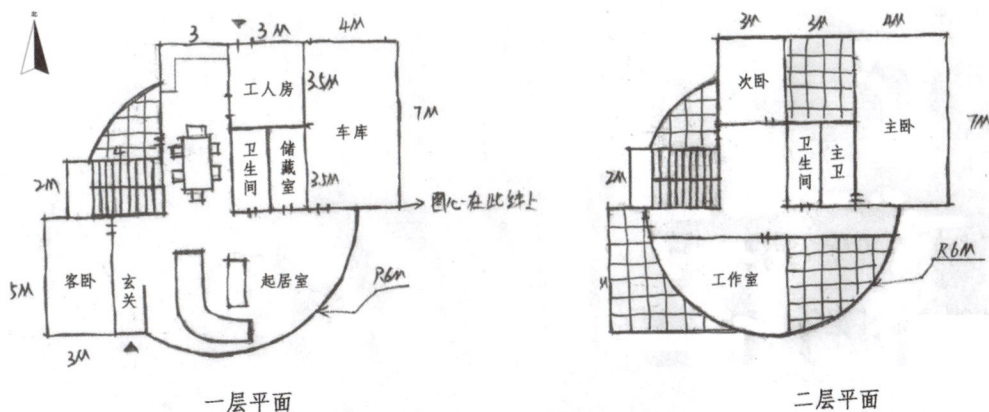

3　3M　4M

工人房　3.5M

卫生间　储藏室　车库　7M

客卧　玄关　起居室

3.5M

2M

圆心-在此线上

R6M

5M

3M

一层平面

3M　3M　4M

次卧　主卧

卫生间　主卫　7M

工作室　R6M

2M

二层平面

✳ 图9-2　房间布置单线房间布置图

一草绘制阶段还要绘制简单的形体和立面示意图,与功能布局相结合,如发现造型存在欠美观的地方,还需重新调整平面布局,直至满意为止。

任务 2 设计二草

设计二草即第二个草图阶段,需要完成以下任务:① 每个分区房间的布局、开间大小;② 不同流线的组织;③ 水平、垂直交通的联系;④ 室内外空间的组织;⑤ 建筑造型的处理;⑥ 主要房间的设计。

二草墙体绘制单线墙体就可以,但需要给出具体尺寸和比例。图 9-3 所示的是规矩方圆别墅设计的二草阶段平面图,房间的尺寸和面积都进行了一定的调整。同时,总平面图、立面图、剖面图和形体造型也要随之进行深化调整。

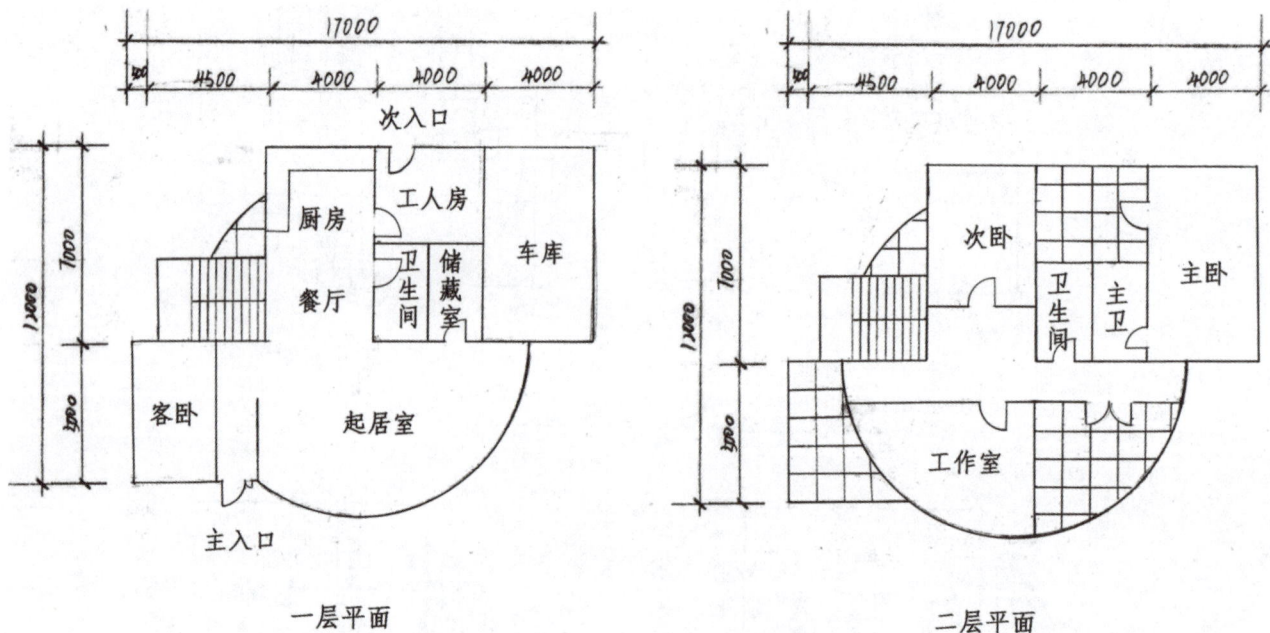

图 9-3 设计二草

任务 3 设计仪草

设计仪草即仪器草图,是第三次草图阶段,也是草图的最后一个阶段。因为需要使用尺规等绘图仪器绘制,所以称为仪草,需要完成以下任务:① 建筑入口空间的组织;② 门窗的大小、开向;

③ 辅助房间的设计;④ 完成各部分细节设计;⑤ 完成工具草图,要求标注尺寸。

图 9-4 至图 9-8 所示的是规矩方圆别墅的仪器草图。

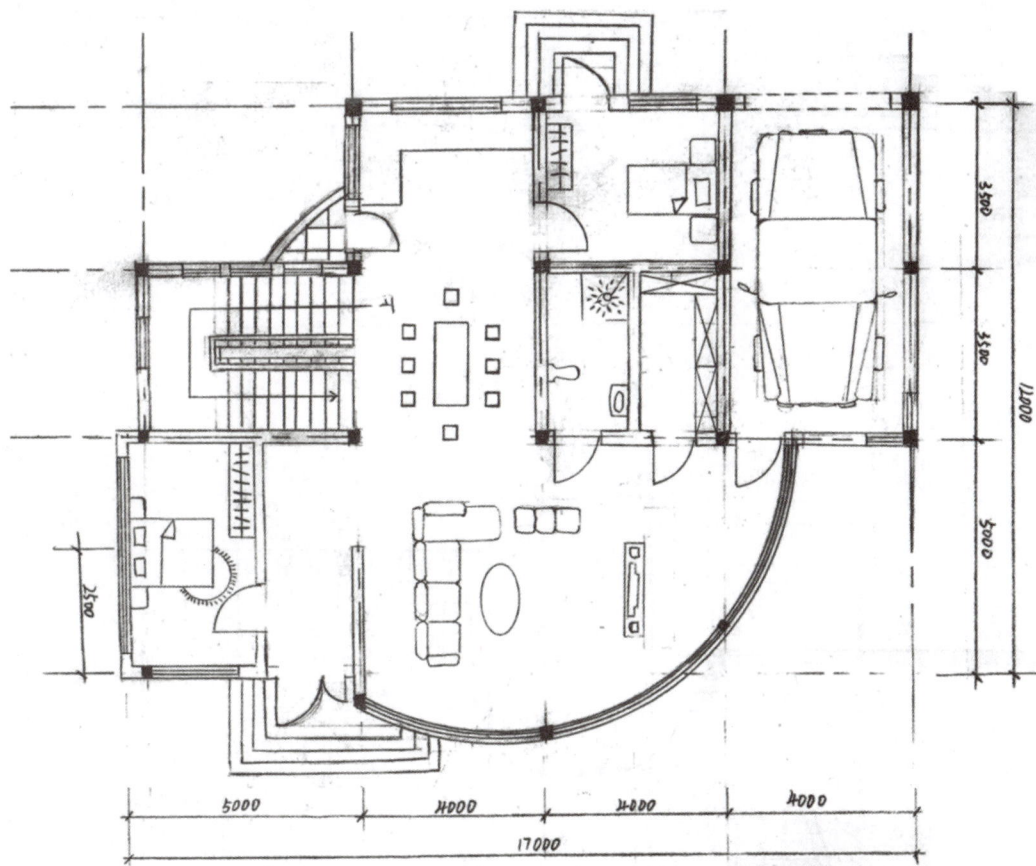

❋ 图 9-4 一层平面图

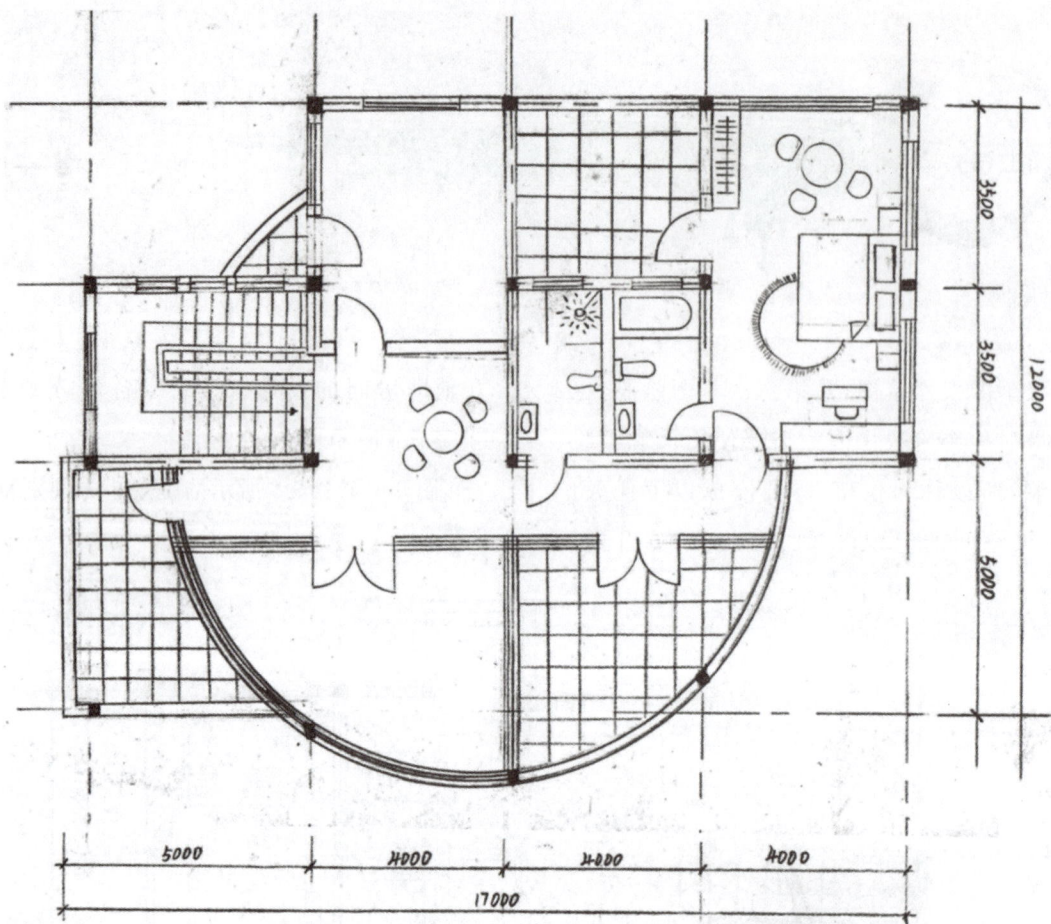

✳ 图9-5　二层平面图

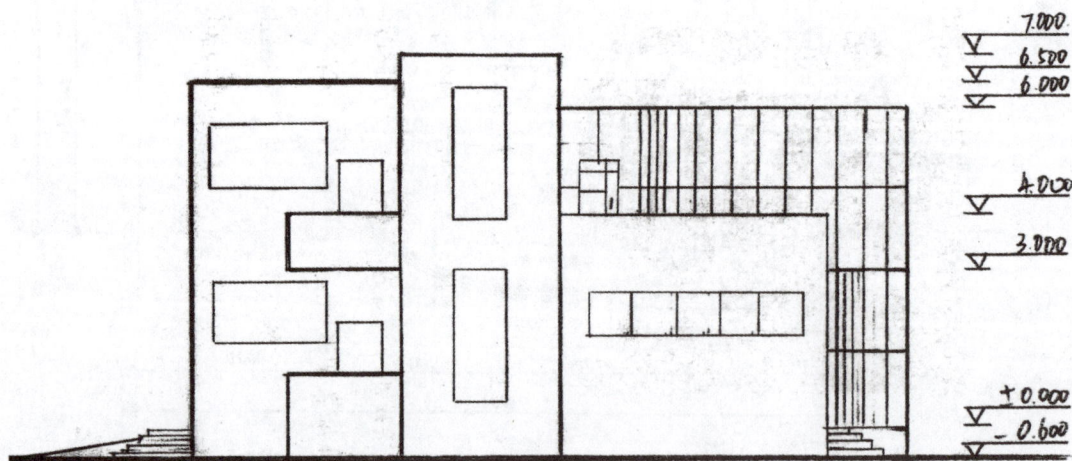

✳ 图9-6　西立面图

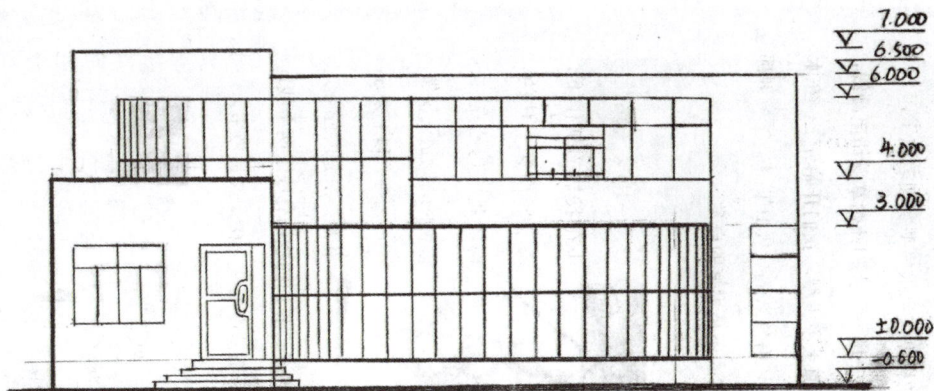

※ 图 9-7　南立面图

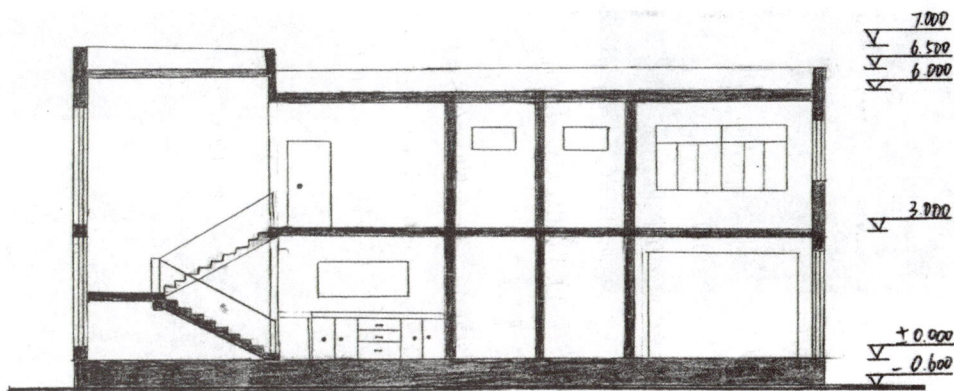

※ 图 9-8　剖面图

任务 4　设计模型制作

在建筑设计过程中,当各种平面设计构思初步完成之后,由于二维空间的局限性,图纸并不能全面反映设计整体的真实效果,为了使布局、功能、形态、构造、材料和色彩等构思更加深入和完善,往往需要制作一些三维模型来帮助推敲、修改和完善原来的设计构思,来进一步检验设计的思路、方案的可行性与方案的可信度,避免在平面设计构思、平面设计图纸上可能遗留的弊端。这种模型的表现形式比较粗略,对制作材料、工艺等方面的要求也不高,其目的是对设计构思方案进行深入研究,在设计中起到一个立体草图的作用。由于模型具有视觉实体的可视化特征,模型制作的程序、方法与过程可以对设计效果与可行性进行评估与反复推敲,因此,建筑模型制作是进一步完善和优化建

筑设计的过程,见图9-9。

挤压面成体,轻松地开出门窗洞口,同时它还自带大量门、窗、柱、家具等组件库和丰富的材质库,具有草稿、线稿、透视、渲染等不同显示模式。使得设计者可以直接在计算机上进行十分直观的构思,是进行三维建筑设计方案创作的优秀工具。

(a)

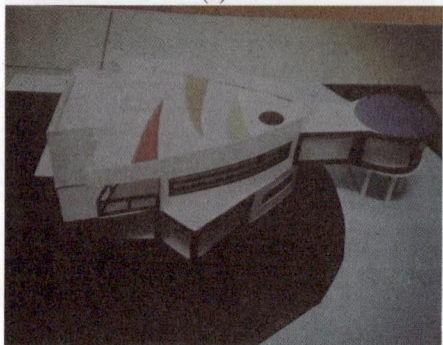

(b)

❋ 图9-9 手工制作模型

除了手工制作模型外,还可以借助计算机软件建立模型,较为常用的软件是Sketchup,即草图大师,见图9-10。Sketchup是建筑设计人员在设计过程中普遍采用的一款形象直观、简单易学的三维创作软件。其建模流程简单明了,就是画线成面,

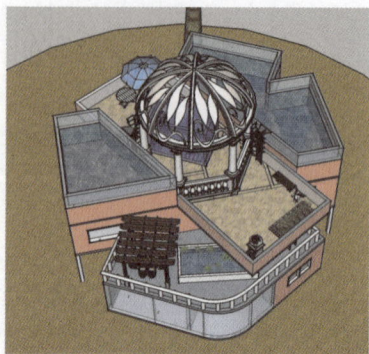

(a)

(b)

❋ 图9-10 Sketchup制作模型

任务5 实训9——艺术家自用别墅设计各阶段草图

本实训的任务是绘制艺术家自用别墅设计各阶段草图。

教学目的 了解利用草图进行方案深化的方法,熟知各阶段草图的要求和深度,并且能够利

用草图和工作模型进行方案的深入细化和修改完善。

教学任务　完成三个艺术家自用别墅设计的一草、二草和仪草。

成果要求　① 图纸要求用 A3 绘图纸（420 mm×297 mm）或硫酸纸多张；② 表现形式用铅笔来完成。

学习情境10

建筑设计之成果表现
JIANZHU SHEJI ZHI CHENGGUO BIAOXIAN

任务 1　建筑设计排版

1. 排版构图及技巧

在方案最终确定,仪器草图绘制没有问题后,就需要将全部设计成果排版在一张2号(597 mm×420 mm)或者1号(841 mm×597 mm)图纸上,那么如何将平、立、剖面图以及分析图、效果图、设计说明等所有设计内容集中在一张或两张图纸中很好地表现出来,就需要学习排版和表现的要求和技巧。

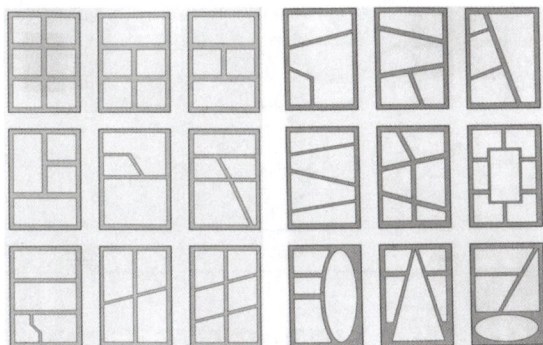

(a) 直线构图　　　　(b) 三角形构图

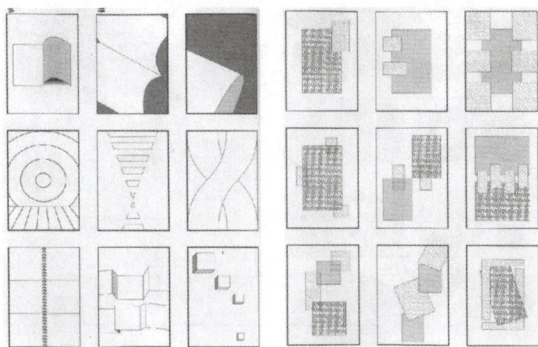

(c) 曲线构图　　　　(d) 对称构图

❋ 图 10-1　常见的构图形式

比较常见的构图形式有:直线构图、三角形构图、曲线构图、对称构图,见图10-1。

建筑设计排版总的要求是:① 分割明确、大结构明晰;② 小块面、小分割作为点缀;③ 主体突出,分割上有变化,视觉上整体平衡;④ 内容饱满。同时还有以下一些技巧可以采用,对于初学者来说比较实用,见图10-2。

(1)中英。由于英文字母构成简单,灵活多变,具有图形感。因此用英文排版比较好看,所以可以采用双语编排,尤其是标题和小标题。

(2)黑白。很多时候图片排版时出现违和感的时候只需要将其去色,变为黑白效果,并适当辅以图层透明度调整,即可在视觉上舒服很多。

(3)小字号。排版的时候适当地使用小号字体,会有很好的版面效果。

(4)宋体。使用粗宋体可以直接提升中文字体的图形感,主要适用于标题、小标题或者短语,一般不用于正文。虽然经典的宋体最适合印刷技术(可读性强),但由于笔画过于纤细,视觉辨析比较弱,正文中一般使用宋体的变体,如中宋、标宋、雅宋等。

(5)剪裁。图片排版效果一般的时候,可以适当裁剪成宽屏比例,有时会获得全新的效果。

(6)比例。既要考虑整体和部分之间的比例,也要考虑部分之间的比例,具体包括:① 每一张图片本身的长宽比例;② 多图片时,大图片与小图片尺寸的比例;③ 多图片时,大图片与小图片的数量比例;④ 图片与图纸混排时,照片与技术图纸的比例;⑤ 图片与文字数量的比例;⑥ 图面内容部分与留白的比例。

如何把握好"比例":一方面看各人的审美,另一方面看具体素材情况,如图片的数量、图片是否适合排布在一起(包括内容、色系、长宽比等)、文字内容及数量、图片和技术图纸的数量比例等。

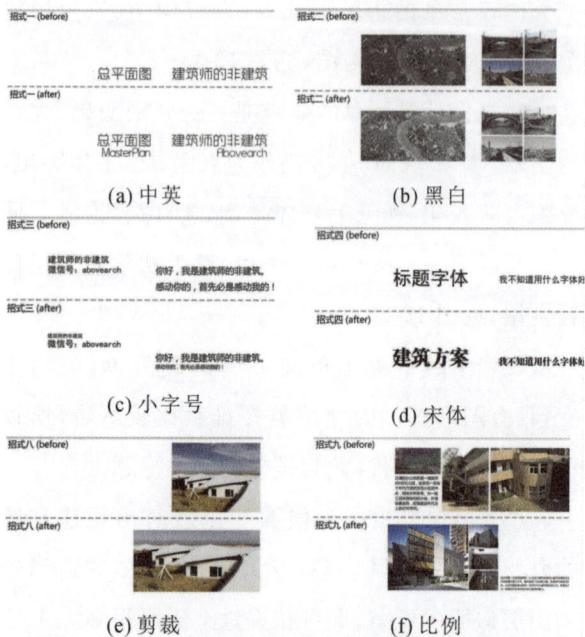

(a) 中英 (b) 黑白

(c) 小字号 (d) 宋体

(e) 剪裁 (f) 比例

❋ 图 10-2 排版技巧

2. 横排

横向排版有以下要点,如图 10-3 所示。

(1)结构清晰、松紧得当。结构由分割产生,分割的大块面须有秩序,最简单的秩序就是横竖结构。在不影响结构的前提下,尽量变化丰富。

(2)大的分割块面不宜太多,应有秩序,不能产生琐碎感。

(3)先确定最大的块面,确定总体结构,再细分小的图面,细化局部结构。

(4)小图面要通过色彩、明度、形状方面的相似性产生视觉联系,保持所在块面的完整,从而使总体结构不被破坏。

(5)在结构清晰稳定的前提下,可以适当打破结构,产生变化,图面内容要丰富、饱满。

(6)结构上先简洁再丰富,丰富不破坏简洁。

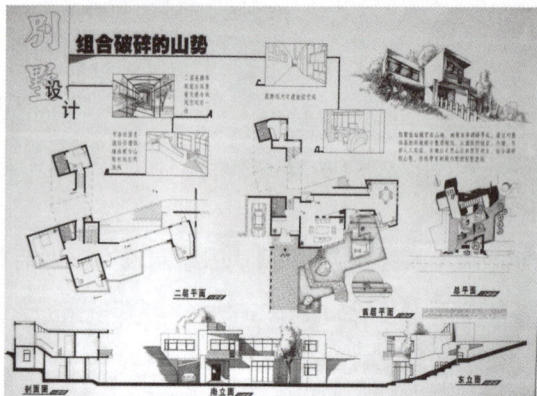

(a)

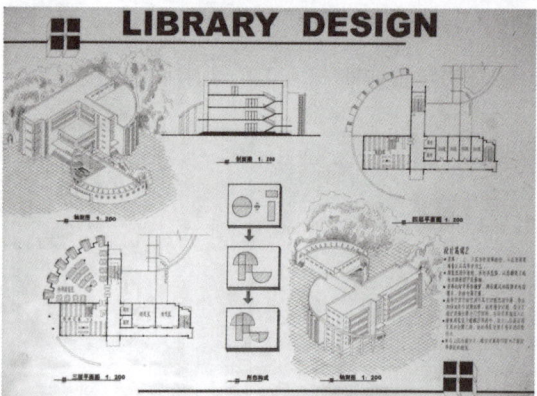

(b)

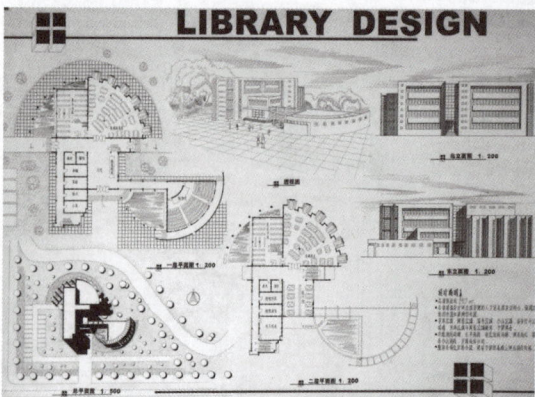

(c)

❋ 图 10-3 横排版面

3. 竖排

竖向排版有以下要点,如图10-4所示。

(1)结构清晰、松紧得当。

(2)图面紧凑,风格大气,结构明朗。

(3)分割感强,大小结构相互关联。

(4)小元素既可作为画面的填充,也可作为分割。

(5)要有层次感,不能所有图只排一个竖排。

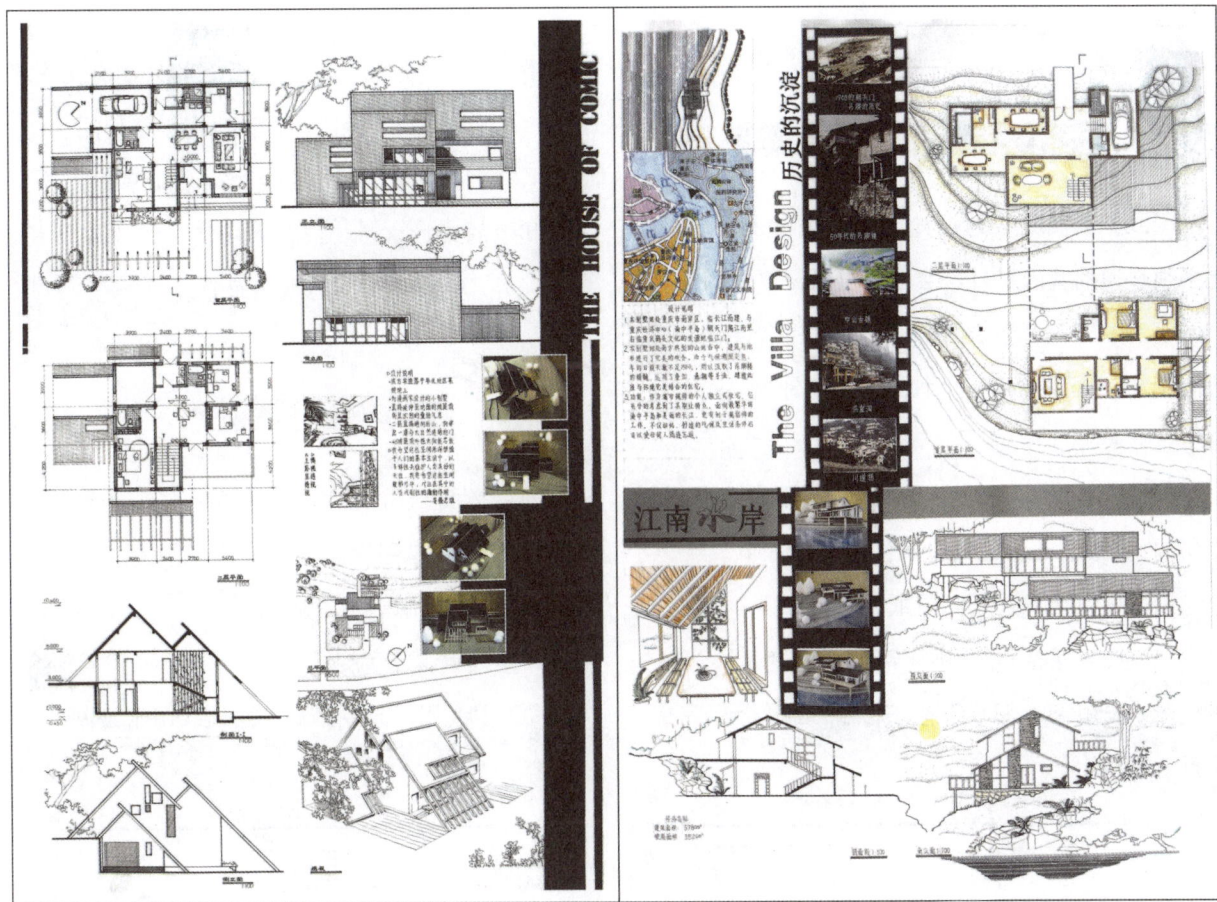

✳ 图10-4 竖排版面

4. 字体设计

无论是横版还是竖版,在版面中对字体都有如下要求。

(1)参与画面构成,形态与画面分割协调,成段的文字形成明显体块参与构成和变化,与整体和谐。

(2)字型、字号适合版面风格。

(3)文字具有结构感,切勿浮漂。

(4)与画面联系紧凑,不可分隔太远。

任务 2 墨线出图

1. 墨线出图工具及注意事项

墨线工具图是表达设计成果的基本手段之一，是必须掌握的基础科目。绘制墨线图需要使用适合制图墨水的钢笔，笔尖粗细不等（0.1～1.2 mm），可绘制粗细不同的线条。因其笔尖呈针状，又称针管笔。

墨线出图总体要求是画面整洁、线条光滑、粗细均匀、交接清楚。绘制时的注意事项如下。

（1）绘图纸应选光面图纸。

（2）尺规保持整洁，画完部分可以遮盖。

（3）先用 H～2H 铅笔打底稿，底稿全部完成后再上墨线。

（4）绘图前检查笔尖以及笔管外侧有无积墨。

（5）针管笔的粗笔下墨快，应小心使用。

（6）已完成的线与铅笔线不同，等墨水干了再画其他的线。

（7）注意笔尖应与纸面垂直。

2. 总平面图的表达

总平面图需要表达以下内容：① 建筑屋顶平面；② 环境（道路、绿化、铺地等）；③ 标高、文字、层数、指北针，如图 10-5 所示。

其线型区分为：① 粗线用于绘制建筑外轮廓线；② 中线用于绘制道路；③ 细线用于绘制其余的内容。

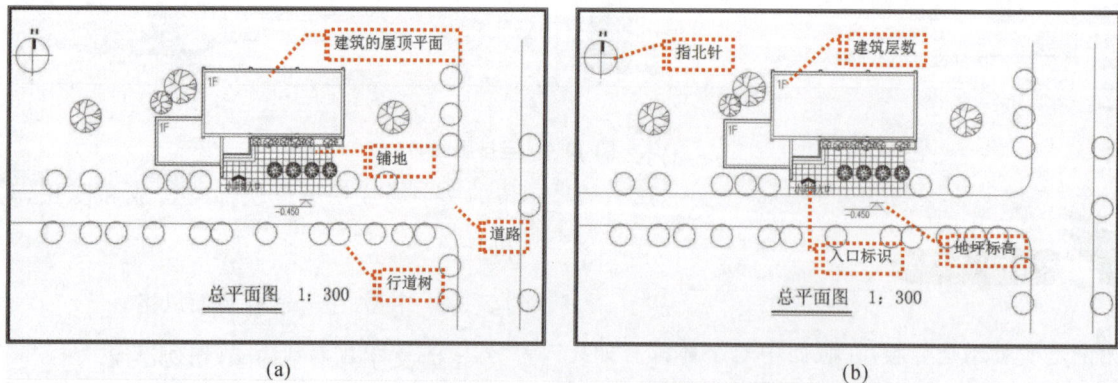

(a)

(b)

❋ 图 10-5 总平面图表达

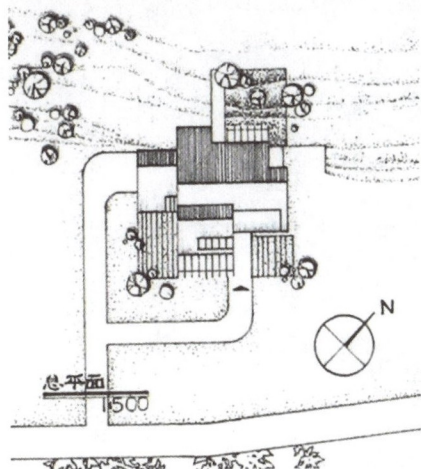

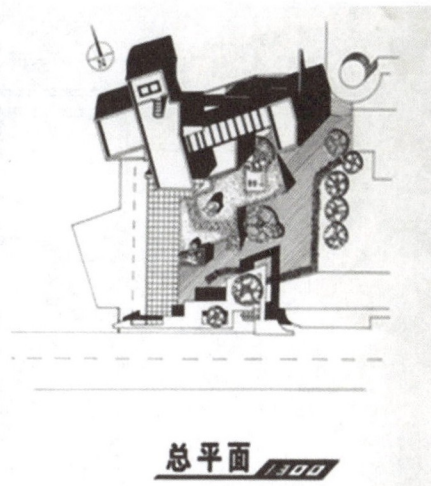

(c)　　　　　　　　　　　　　(d)

✳ 续图 10-5

3. 平面图的表达

平面图需要表达以下内容：① 墙体、柱子；

② 门、窗（不同类型的表达形式）；③ 家具；④ 环境（一层平面）；⑤ 房间名称、尺寸标注、标高（单位）、剖切线。如图 10-6 所示。

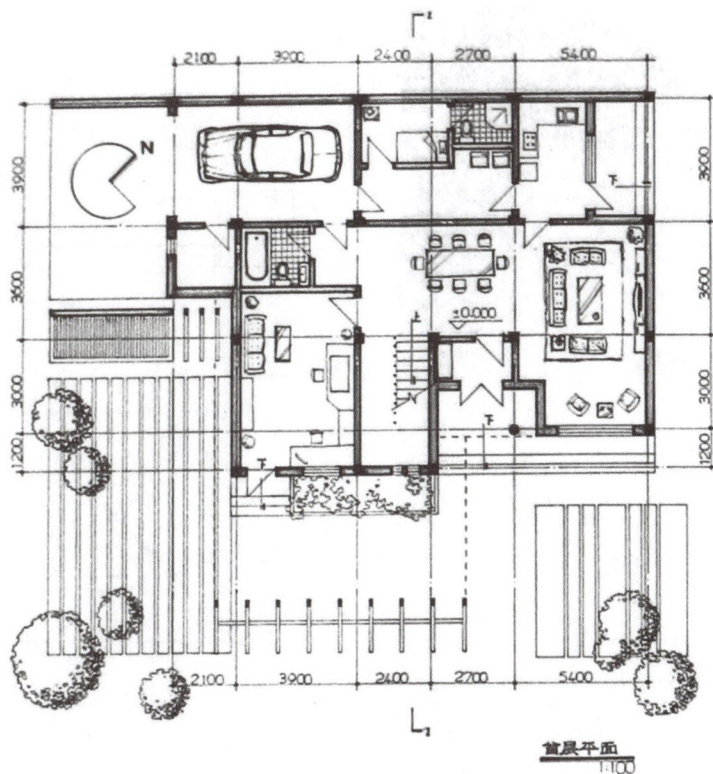

(a)

✳ 图 10-6　平面图表达

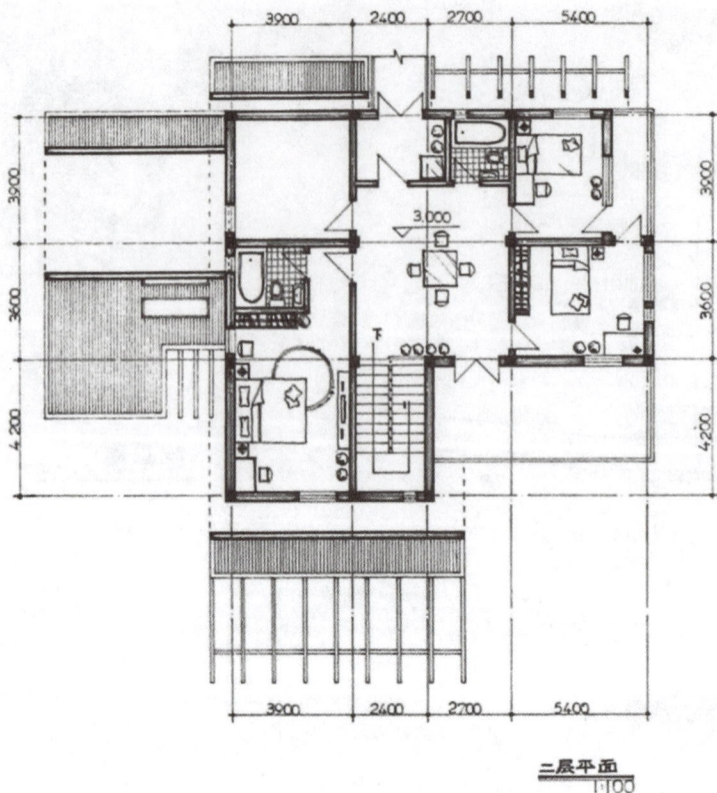

二层平面
1:100

(b)

✳ 续图 10-6

其线型区分为:① 粗线用于绘制剖线(如剖到的墙体及柱子);② 中线用于绘制看线(如窗台、台阶等);③ 细线用于绘制其余的内容(如窗、家具、配景等)。

4. 剖面图的表达

剖面图需要表达出以下内容:① 确定剖切位置和方向(剖切线);② 剖到的墙体、楼板、地坪线、门、窗;③ 能够观察到的构件看线、标高,如图 10-7所示。

其线型区分为:① 粗线用于绘制剖线(如剖到的墙体楼板);② 中线用于绘制看线;③ 细线用于绘制其余的内容(如窗等);④ 地坪线。

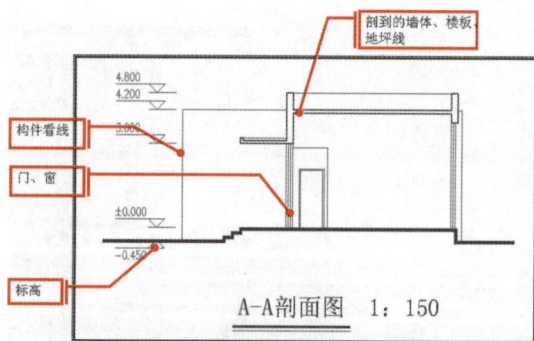

A—A剖面图 1:150

(a)

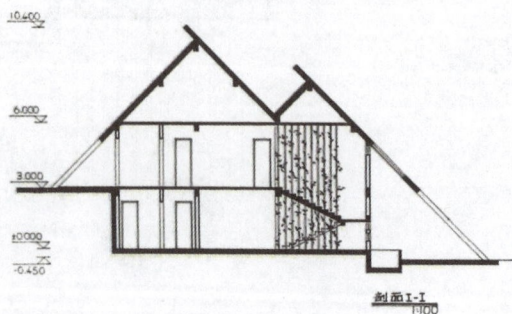

剖面I-I
1:100

(b)

✳ 图 10-7 剖面图表达

5. 立面图的表达

立面图需要表达以下内容：① 确定观察方向（以方位定义）；② 建筑的外部构件；③ 地坪线（注意与剖面的区别）；④ 配景（示意建筑尺度）；⑤ 标高（单位 m），如图 10-8 所示。

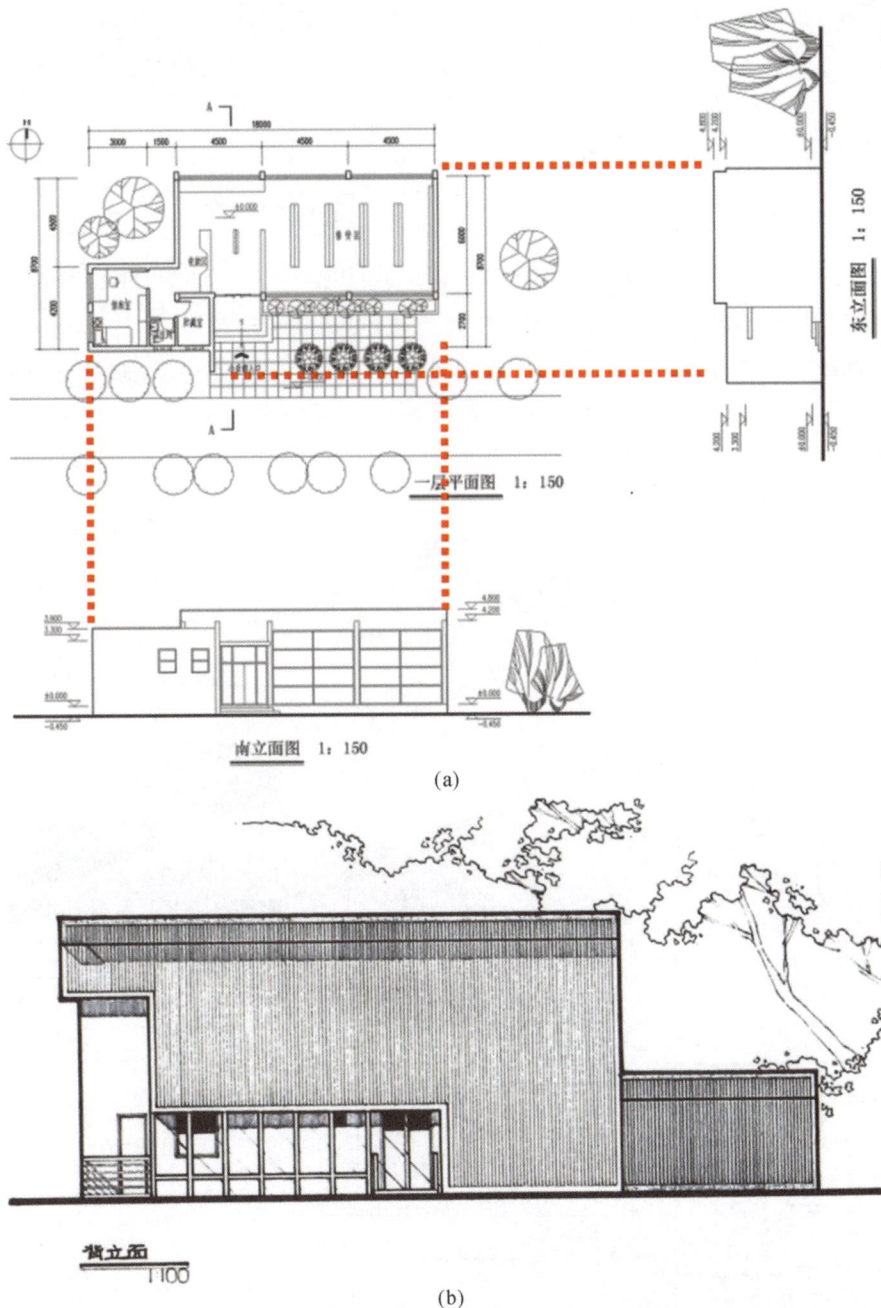

(a)

(b)

❋ 图 10-8　立面图表达

其线型区分为：①粗线用于绘制建筑外轮廓线；②中线用于绘制构件；③细线用于绘制其余的内容（如窗、墙面材质等）；④地坪线。

任务3 实训 10——艺术家自用别墅设计成果表现

本实训的任务是进行艺术家自用别墅设计成果表现。

教学目的 掌握墨线出图的要求，能够使用墨线对设计图纸进行表现，掌握建筑设计排版的常用方法和技巧，能够完成设计排版。

教学任务 完成艺术家自用别墅设计的成果表现。

成果要求 ① 图纸要求用 A2 绘图纸（597 mm×420 mm）一张；② 表现形式用墨线表现，可适当辅以彩铅。

图 10-9 至图 10-10 所示为学生范图。

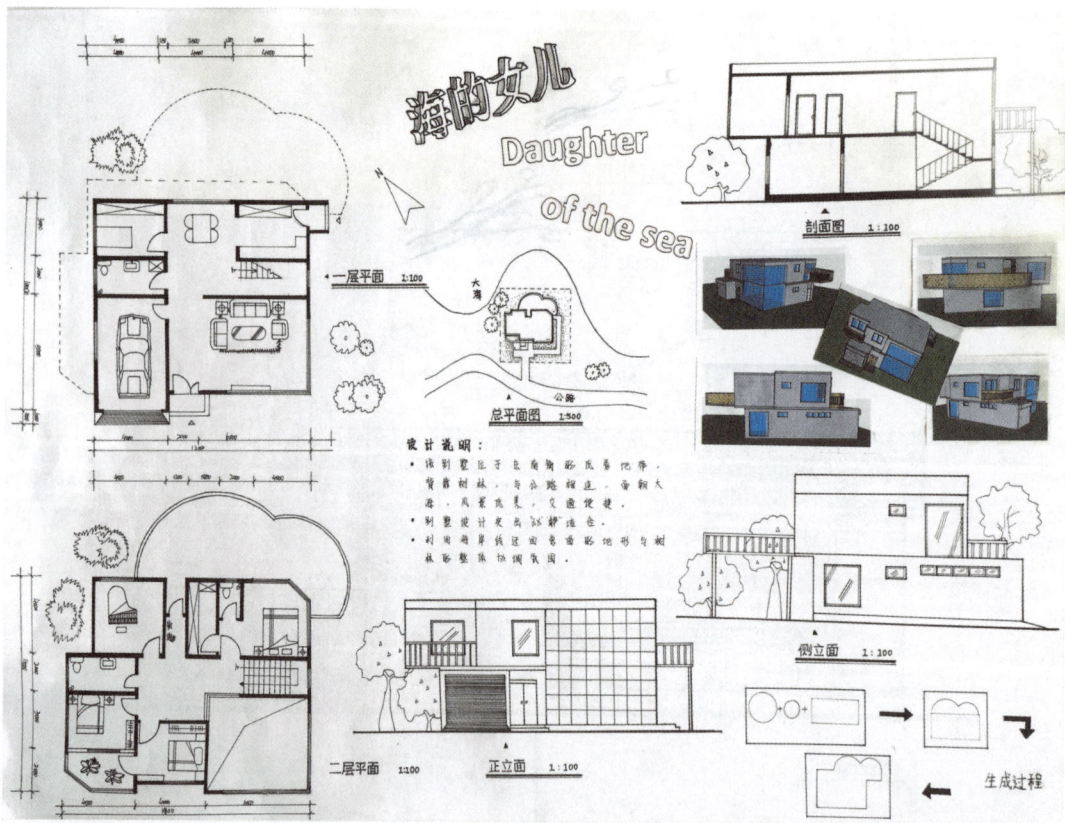

※ 图 10-9 设计例图一

画部落

设计说明

1. 此别墅是为一位画家而设计的。
2. 别墅位于溪边
3. 东南向可以看成瀑布，树林，流水等自然景观，特别适合画家作画。

一层平面图 1:100

二层平面图 1:100

总平面 1:500

南立面 1:100

生成过程

剖面 1:100

东立面 1:100

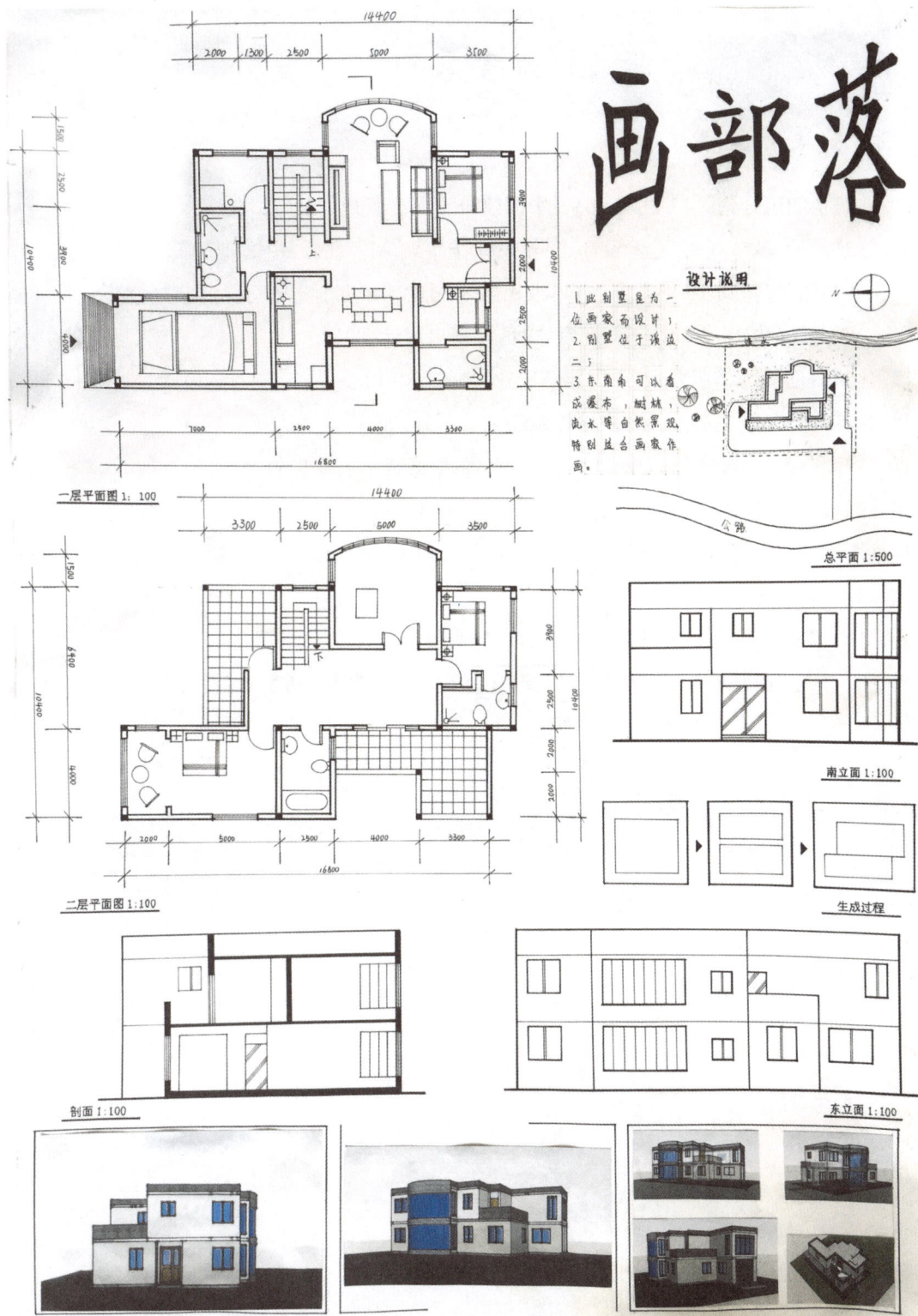

※ 图 10-10 设计例图二

参 考 文 献

[1] 彭一刚.建筑空间组合论[M].3版.北京:中国建筑工业出版社,2008.

[2] 魏广龙.建筑设计、城市规划、艺术设计、工业设计作品集[M].北京:中国建材工业出版社,2008.

[3] 中华人民共和国住房和城乡建设部,中华人民共和国国家质量监督检验检疫总局.建筑设计防火规范 (2018年版)(GB 50016—2014)[S].北京:中国计划出版社,2018.

[4] 沈福煦.建筑概论[M].2版北京:中国建筑工业出版社,2012.

[5] 田学哲.建筑初步[M].3版.北京:中国建筑工业出版社,2010.

[6] 田学哲,俞静芝,郭逊,等.形态构成解析[M].北京:中国建筑工业出版社,2005.

[7] 黎志涛.建筑设计方法入门[M].北京:中国建筑工业出版社,2011.

[8] (德)克里斯蒂安·根斯希特.创意工具——建筑设计初步[M].马琴,万志斌,译.北京:中国建筑工业出版社,2011.

[9] (美)爱德华·T·怀特.建筑语汇[M].林敏哲,林明毅,译.大连:大连理工大学出版社,2001.

[10] (美)保罗·拉索.图解思考——建筑表现技法[M].3版.邱贤丰,刘宇光,郭建青,译.北京:中国建筑工业出版社,2002.